城市湖泊底泥污染物释放的水环境影响

主　编　沙　茜　陈晓玲　郑　琴
副主编　周帆琦　蔡晓斌　何　君
　　　　黄　婧　汪海涛　赵红梅
　　　　王佳琳　张　展

WUHAN UNIVERSITY PRESS
武汉大学出版社

图书在版编目(CIP)数据

城市湖泊底泥污染物释放的水环境影响/沙茜,陈晓玲,郑琴主编;周帆琦
等副主编.—武汉:武汉大学出版社,2023.6
ISBN 978-7-307-23365-2

Ⅰ.城… Ⅱ.①沙… ②陈… ③郑… ④周… Ⅲ.湖泊—底泥—
污染物—释放—影响—城市环境—水环境—研究—武汉 Ⅳ.X321.263.1

中国版本图书馆 CIP 数据核字(2022)第 210057 号

责任编辑:杨晓露 责任校对:鄢春梅 版式设计:马 佳

出版发行:**武汉大学出版社** (430072 武昌 珞珈山)
(电子邮箱:cbs22@ whu.edu.cn 网址:www.wdp.com.cn)
印刷:武汉邮科印务有限公司
开本:787×1092 1/16 印张:8 字数:160 千字 插页:1
版次:2023 年 6 月第 1 版 2023 年 6 月第 1 次印刷
ISBN 978-7-307-23365-2 定价:39.00 元

前　言

武汉是长江中游最大的工业城市，也是我国湖泊最多的城市之一，素有"百湖之市"之称，随着城市化进程的加快，城市湖泊富营养化问题日趋严重。近三十年来，武汉市大小湖泊受到了大量工业废水、生活污水和地表径流的影响，湖泊水质大幅下降，水质亟待改善，水生态环境修复需求日趋迫切。在建设全国构建新发展格局先行区中，湖泊水污染防治和生态修复是扎实推进长江保护修复攻坚战和碧水保卫战的重要研究领域。

武汉东湖作为我国最主要的城市湖泊之一，其富营养问题和污染治理状况一直都备受关注，武汉市政府专门设立了总面积达 82km² 的东湖生态旅游风景区管委会，以保护 33km² 的东湖水域环境。南湖是武汉市中心城区仅次于东湖的城中湖，处于众多居民小区、高等院校和其他企事业单位的紧密包围中，具有典型城市湖泊的特点，受周边污水直排入湖的影响，南湖污染越来越严重，已呈重度富营养状态。所以研究以东湖和南湖为代表的城市湖泊底泥污染物释放对水体修复的影响，能够为湖泊水体修复的难点问题提供一定的理论及技术支持，为保护湖泊水环境，建设人与自然和谐共生的美丽武汉进行有益的探索。

随着国家对湖泊环境整治的力度不断增大，虽然湖泊外源污染通过截污等方式得到了控制，但是水体的富营养化程度依然很严重，产生这种现象的原因主要是由于内源污染物的释放。湖泊底泥作为湖泊营养物质的重要蓄积库，污染物质在一定的环境条件下向上覆水释放，它们将成为影响湖泊水质的二次污染源。近年来，国内研究人员对湖泊底泥中污染物质的形态或组分分布进行了较多的研究，但这些研究多集中于流域性的河流湖泊，如太湖、滇池、鄱阳湖、长江等，对于城市内湖泊研究相对较少。目前有关东湖和南湖的研究主要集中在各湖泊碳、氮、磷及金属含量的分布特征及环境因子对上覆水的影响规律上，而对不同深度氮、磷的垂直分布及不同环境条件下底泥的变化规律的研究较少，并且其季节性变化规律涉及更少。

本书以东湖和南湖为研究对象，分析了近百年来武汉城市湖泊群分布特征和湖泊群时空变迁原因；研究了武汉城市化发展与水环境变化之间的关系，发现城市化对城市湖泊的污染有显著影响；通过正交设计进行底泥释放模拟实验，确定了城市湖泊底泥污染物最佳释放条件的温度、pH 值和溶解氧条件；在底泥污染物最佳释放条件下，通过模拟实验得出武汉市两个最大城市湖泊东湖、南湖底泥氮、磷污染物的释放规律及其最大释放量；进而分析比较了代表性监测点位水质及底泥中氮、磷的剖面分布、赋存特征、季节性变化，得出了上覆水、间隙水和底泥三者中氮、磷污染物的迁移转化规律和相关性；通过分析典型城市湖泊底泥氮、磷释放的水环境影响，建议在实施城市湖泊水质改善和水体修复工程中，将提高水体溶解氧浓度作为一切措施的基础，增加应对气温骤升极端天气的水体修复应急措施，是治理工程持续效果的保证，而利用氮、磷释放-沉积平衡关系，根据底泥间隙水与湖水的浓度差，逐步降低湖水沉积临界浓度，是解决底泥氮、磷释放的根本途径。

在此衷心感谢武汉市生态环境科技中心(原武汉市环境保护科学研究院)和武汉大学研究团队的全力投入和辛勤工作！由于作者水平所限，书中难免有疏漏和不妥之处，敬请读者批评指正。

作　者
2022 年 7 月 29 日

目　　录

第1章 武汉城市湖泊群的动态变化

导读：武汉市素有"百湖之市"的称号，湖泊湿地是其自然生境中最重要的组成部分(杨朝飞，1995)。武汉市湖泊长期的时空演变过程是其现代湖泊环境形成的重要基础与背景。研究通过引入多期的历史地图数据，在对比两种数据源湖泊监测结果差异的基础上，追溯了武汉市湖泊20世纪以来的时空变化过程。基于长时序的湖泊变化结果，划分了近代以来武汉市湖泊变化的两个阶段，并识别出了湖泊面积锐减的关键期。此外，以流域作为湖泊变化分析的基本单元，结合市内主要水利工程的分布与建成时间，量化了水利工程对小流域尺度内湖泊变化的阶段性影响过程。最后，结合数十年的土地利用及湖泊变化数据，分析了湖泊与其他土地利用类型之间的量化转换关系，探讨了湖泊面积减少的主要驱动因素(Wang et al，2020)。

武汉市地处东经113°41′—115°05′，北纬29°58′—31°22′，东西最大横距134km，南北最大纵距155km，是我国经济地理中心。武汉市水域面积达2117.6km²，占全市国土总面积的1/4，水面率居全国大城市之首，"百湖之市"名不虚传。武汉市共有湖泊166个，湖泊总面积867km²，约占全市国土面积的10.2%，占全市水域面积的40%，分布于全市12个行政区、4个功能区。武汉市湖泊数量与面积占比如图1-1所示，166个湖泊水面面积在30km²以上的有9个，合计总面积547.18km²；介于10~30km²有8个，合计总面积114.99km²；介于5~10km²有11个，合计总面积83.34km²；介于1~5km²有40个，合计总面积88.87km²；介于0.5~1km²有24个，合计总面积16.56km²；介于0.1~0.5km²有64个，合计总面积15.43km²；小于0.1km²有10个，合计总面积0.7km²。武汉市现状排水系统可划分为33个系统或水系，全市166个湖泊分属于其中的26个水系，24个湖泊为独立型湖泊，来水主要源于承雨区范围内的汇水，排水则主要靠自然蒸发或以涵闸等形式与市政管网连接；除独立型湖泊以外的142个湖泊都属于连通型湖泊，湖泊主要通过水系内港渠与其他湖泊连接，来水源于区域汇水或上游湖泊来水，排水则主要依靠所属大水系内的末端自排闸或者抽排泵站(《武汉市湖泊保护总体规划(2018年)》)。

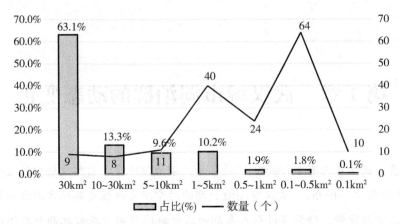

图 1-1　武汉市湖泊数量与面积占比

1.1　数据来源与分析方法

1.1.1　数据来源

本项研究中所收集到的资料与信息源包括遥感信息源和非遥感信息源，除了历史文献资料外，本研究采用了大量地图和遥感资料，涉及地形图、遥感影像图和文字数据材料，武汉市古湖泊的地质演变过程以及三国以来的湖泊变化过程则是以文献资料数据为主。项目研究重点参考了《江汉湖群综合研究》（金伯欣，1992）、《中国湖泊志》（王苏民等，1998）、《湖北省测绘志 1840—1985》（黄炽卿，1990）、《武汉市志总类志》（武汉地方志编纂委员会，1998）、《湖北水利志》（曾凡荣，2000）、《武汉湖泊志》（武汉市水务局，2014）等武汉市湖泊相关的权威专著，还参阅了大量的相关论文文献，由于数量过多，在此不一一列出，可参见书后参考文献。此外，在湖泊变化原因分析中还使用了武汉市 1950 年以来的降水（http：//data. cma. cn/）、人口（1950—2020 年《武汉统计年鉴》）等年尺度的数据。武汉市土地利用数据是基于 Landsat MSS/TM/ETM+/OLI 遥感影像数据采用目视解译方法获取了的 11 期（1970 年，1975 年，1980 年，1985 年，1990 年，1995 年，2000 年，2005 年，2010 年，2015 年，2020 年）土地利用矢量数据。

20 世纪 20 年代、20 世纪 50 年代的结果主要参考以相关地形图为依据的地图信息源，文献资料数据源及地图数据源均属非遥感信息源。20 世纪 70 年代至 2020 年主要以相关遥感影像为依据，属遥感信息源。资料与信息源均来自公开出版发行或国家相关权威部门的内部材料以及研究团队成员的长期积累和实际调查，资料与信息源来源可靠，总体上具有较强的科学性与权威性。其中 20 世纪 20 年代的地形图虽然受限于当时测量技术的精度，无法达到 1949 年后同比例尺图件的测量精度，在数据的绝对位置及形态准确性上无法直接与后期的图件进行比对，但该数据依然是按当时的测图规范完成的地形图件，与同期数据相比仍然具有较强的权威性。

1.1.2　数据分析方法

本研究主要通过资料分析、比较研究、实地考察等综合方法来获取武汉市湖泊的变化信息。其中武汉市古湖泊演变过程主要以资料整理与分析为主，该分析主要包括两个时间阶段，第一个阶段为湖泊的纯自然演化过程，该阶段的分析主要基于地质调查资料。第二个阶段为人类活动影响强度较弱，湖泊以自然演变为主的阶段，该阶段主要依赖于历史文献记载的史实资料。近代以来(20 世纪 20 年代至 2020 年)的湖泊格局变化研究则以 GIS、RS 为主的空间信息技术为主要方法。运用 GIS 软件，对所收集的地形图进行矢量化，得到 20 世纪 20 年代和 20 世纪 50 年代两个时期武汉市的湖泊历史分布格局。同时利用 ENVI 与 ERDAS 遥感图像处理软件对所收集的(1973—2020 年)751 个时相的遥感影像进行影像镶嵌、几何纠正、增强处理，并针对湖泊水体提取设计了自动化的水体提取算法。为了消除由于遥感影像获取时相中可能存在的极端洪枯水影响，从 20 世纪 70 年代至 2020 年，每 5 年获取一期湖泊边界结果。以自动提取的湖泊水体范围信息为基础，通过面积中值选择，人工多时相比对的方式优化自动提取结果。通过整合历史上的湖泊变化格局信息与遥感获取的湖泊变化信息，利用空间分析方法动态获取近百年来武汉市湖泊变化特征，并针对武汉市现有的 166 个重点湖泊获得每 5 年一期的湖泊变化图谱信息。以数字高程模型获取的流域边界信息为基础，统计分析不同湖泊水系的湖泊面积与数量的变化信息。综合考虑武汉市气温、降水等气候数据、同步的社会经济数据，以及武汉市湖泊自然演变的背景信息，结合湖泊消失部分所转变成土地利用类型信息，综合分析武汉市湖泊变化的原因。

1.2　近百年武汉城市湖泊群时空变迁过程

1.2.1　20 世纪 20 年代武汉城市湖泊群分布特征

20 世纪 20 年代武汉市地形图数据、相关文献等资料的监测结果表明，武汉市 20 世纪 20 年代湖泊总数量为 116 个，湖泊总面积约为 1789.0km²，约占武汉市国土总面积的 20.9%(以目前武汉市行政边界为准)。为了分析和研究的客观性，本研究将湖泊根据水体面积划分为以下 5 个级别：①大于 33.33km²；②6.67～33.33km²；③0.67～6.66km²；④0.1～0.66km²；⑤小于 0.1km²。或对应亩数：①大于 5 万亩；②1 万～5 万亩；③0.1 万～1 万亩；④0.15～1 千亩；⑤小于 150 亩。武汉市湖泊的面积分级统计显示，20 世纪 20 年代，武汉市的湖泊以大于 33.33km² 为主，总面积为 1521.33km²，约占武汉市总体湖泊面积的 85%；同时小于 0.1km² 的湖泊总面积为 0.55km²，约占武汉市总体湖泊面积的 0.03%。因此，武汉市 20 世纪 20 年代的湖泊以大湖为主，湖泊斑块较少，小湖泊较少，湖泊破碎度较低。20 世纪 20 年代武汉市湖泊分布如图 1-2 所示。

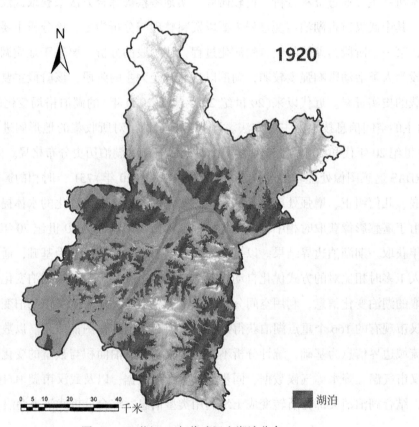

图 1-2　20 世纪 20 年代武汉市湖泊分布

（由 20 世纪 20 年代武汉市地形图数据得到的湖泊分布图，底图为武汉市数字高程模型数据）

1.2.2　20 世纪 50 年代武汉城市湖泊群分布特征

20 世纪 50 年代武汉市地图集、地形图以及相关文献等数据的监测结果表明，武汉市 20 世纪 50 年代湖泊总面积约为 1703.3km²，约占武汉市国土总面积的 19.9%。相比于 20 世纪 20 年代，武汉市湖泊在 20 世纪 20—50 年代，湖泊的数量、空间分布特征相对稳定，仍以大湖泊为主,小湖泊、破碎湖泊少。然而,20 世纪 50 年代武汉市的湖泊大于 33.33km² 的总面积为 1102km²,约占武汉市总体湖泊面积的 65%,相比 20 世纪 20 年代减少了约 20%;同时小于 0.1km² 的湖泊总面积为 11.62km²,约占武汉市总体湖泊面积的 0.68%,相比 20 世纪 20 年代增加了约 0.65%,说明中小湖泊存在一定的增加的趋势。20 世纪 50 年代武汉市湖泊分布如图 1-3 所示。

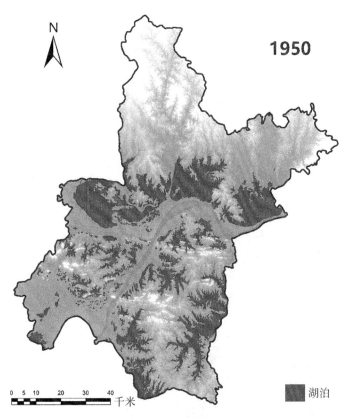

图 1-3 20 世纪 50 年代武汉市湖泊分布

(由 20 世纪 50 年代武汉市地形图数据得到的湖泊分布图,底图为武汉市数字高程模型数据)

1.2.3 20 世纪 70 年代武汉城市湖泊群分布特征

20 世纪 70 年代的遥感监测结果表明,武汉市 20 世纪 70 年代湖泊总面积约为 1083km²,约占武汉市国土总面积的 12.6%。相比于 20 世纪 20 年代,武汉市的湖泊面积在 70 年代减少了约 39%。武汉市湖泊面积分级统计显示,1970 年武汉市湖泊面积大于 33.33km² 的总面积为 716.06km²,约占武汉市总体湖泊面积的 66.1%;在 6.67~33.33km² 的湖泊总面积为 224.58km²,约占武汉市总体湖泊面积的 20.7%;在 0.67~6.66km² 的湖泊总面积为 119.57km²，约占武汉市总体湖泊面积的 11.0%；在 0.1~0.66km² 的湖泊总面积为 22.32km²；约占武汉市总体湖泊面积的 2.1%；小于 0.1km² 的湖泊总面积为 0.87km²，约占武汉市总体湖泊面积的 0.08%。湖泊的空间分布特征和结构发生了一定程度的变化，较为显著的是面积大于 33.33km² 的湖泊面积显著减小，如东西湖、武湖、涨渡湖等均发生了较大程度的面积减少，中等面积的湖泊(6.67~33.33km²)相对稳定，小湖泊、破碎湖泊明显减少。20 世纪 70 年代武汉市湖泊分布如图 1-4 所示。

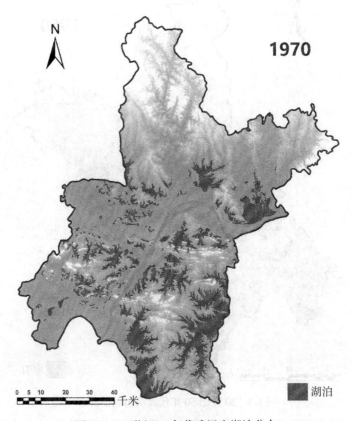

图 1-4 20 世纪 70 年代武汉市湖泊分布

(由 20 世纪 70 年代 Landsat MSS 影像得到的湖泊分布图，底图为武汉市数字高程模型数据)

1.2.4 20 世纪 80 年代武汉城市湖泊群分布特征

20 世纪 80 年代的遥感监测结果表明，武汉市 20 世纪 80 年代湖泊总面积约为 1057km²，约占武汉市国土总面积的 12.3%。相比于 20 世纪 70 年代，武汉市的湖泊面积在 80 年代减少了约 26.1km²。将整体减少的湖泊面积按照湖泊级别分级统计表明，大于 33.33km² 的湖泊，湖泊总面积减少了 11.07km²，6.67~33.33km² 的湖泊，湖泊总面积减少了 21.7km²，0.67~6.66km²的湖泊，湖泊总面积增加了 1.29km²，0.1~0.66km²的湖泊，湖泊总面积增加了 5.18km²，小于 0.1km²的湖泊，湖泊总面积增加了 0.2km²。由此可以看出，武汉市 80 年代湖泊面积的减小以中大型湖泊为主，尤其是中型湖泊发生了较为剧烈的面积变化，而小型湖泊则相反，80 年代相比 70 年代面积有所增大，整体表现出大湖减小萎缩，小湖增多，说明湖泊空间结构的破碎化程度加剧。20 世纪 80 年代武汉市湖泊分布如图 1-5 所示。

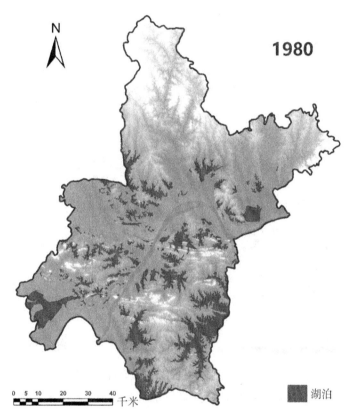

图 1-5 20 世纪 80 年代武汉市湖泊分布

（由 20 世纪 80 年代 Landsat MSS 影像得到的湖泊分布图，底图为武汉市数字高程模型数据）

1.2.5 20 世纪 90 年代武汉城市湖泊群分布特征

20 世纪 90 年代的遥感监测结果表明，武汉市 20 世纪 90 年代湖泊总面积约为 877km²，约占武汉市国土总面积的 10.2%，相比于 20 世纪 80 年代，武汉市的湖泊面积在 80 年代减少了约 17%。将整体减少的湖泊面积按照湖泊级别分级统计表明，大于 33.33km²的湖泊，湖泊总面积减少了 158.64km²，0.67~6.66km²的湖泊，湖泊总面积减少了 11.85km²，小于 0.1km²的湖泊，湖泊总面积增加了 0.43km²。由此可以看出，武汉市 90 年代湖泊面积的减小仍延续了 80 年代以来的趋势，以中大型湖泊为主，尤其是中型湖泊发生了较为剧烈的面积变化，而小型湖泊则相反，90 年代相比 80 年代面积有所增大。20 世纪 90 年代武汉市湖泊分布如图 1-6 所示。

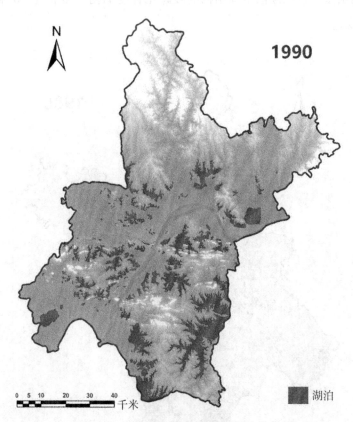

图 1-6　20 世纪 90 年代武汉市湖泊分布

（由 20 世纪 90 年代 Landsat TM 影像得到的湖泊分布图，底图为武汉市数字高程模型数据）

1.2.6　2000 年武汉城市湖泊群分布特征

2000 年的遥感监测结果表明，武汉市湖泊斑块数量缓慢增加，但湖泊总面积呈减少趋势，湖泊总面积监测结果为 790km²，相对 20 世纪 90 年代减少了约 86.45km²。将整体减少的湖泊面积按照湖泊级别分级统计表明，大于 33.33km²的湖泊，湖泊总面积减少了 89.57km²，6.67~33.33km²的湖泊，湖泊总面积减少了 1.83km²，0.1~0.66km²的湖泊，湖泊总面积增加了 2.53km²，小于 0.1km²的湖泊，湖泊总面积增加了 0.62km²。虽然湖泊总体面积持续减少，然而同期小型湖泊的面积却相对增大。2000 年武汉市湖泊分布如图

1-7 所示。

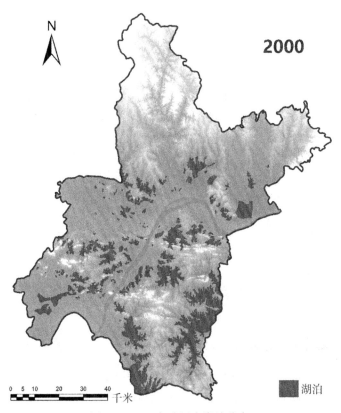

图 1-7 2000 年武汉市湖泊分布

（由 2000 年 Landsat TM/ETM+影像得到的湖泊分布图，底图为武汉市数字高程模型数据）

1.2.7 2010 年武汉城市湖泊群分布特征

2010 年的遥感监测结果表明，武汉市湖泊斑块数量呈持续缓慢增加趋势，湖泊总面积有所减少，湖泊总面积监测结果为 722km²，相对 2000 年减少了约 68.10km²。将整体减少的湖泊面积按照湖泊级别分级统计表明，大于 33.33km² 的湖泊，湖泊总面积减少了 68.08km²，6.67~33.33km² 的湖泊，湖泊总面积减少了 2.92km²，0.1~0.66km² 的湖泊，湖泊总面积增加了 2.14km²，小于 0.1km² 的湖泊，湖泊总面积增加了 0.76km²。由此可以看出，武汉市 2010 年湖泊的面积减少以大型湖泊为主，同期小型湖泊的面积相对增大。2010 年武汉市湖泊分布如图 1-8 所示。

1.2.8 2020 年武汉城市湖泊群分布特征

2020 年的遥感监测结果表明，武汉市 2020 年湖泊总面积约为 657km²，约占武汉市国

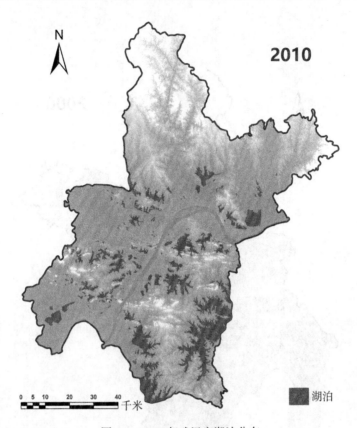

图 1-8　2010 年武汉市湖泊分布

（由 2010 年 Landsat TM/ETM+/OLI 影像得到的湖泊分布图，底图为武汉市数字高程模型数据）

土总面积的 7.7%，相比于 2010 年，武汉市的湖泊面积在 2020 年减少了约 9.0%。将整体减少的湖泊面积按照湖泊级别分级统计表明，大于 33.33km² 的湖泊，湖泊总面积减少了 50.15km²，6.67~33.33km² 的湖泊，湖泊总面积减少了 12.36km²，0.1~0.66km² 的湖泊，湖泊总面积减少了 3.72km²，小于 0.1km² 的湖泊，湖泊总面积增加了 0.84km²。由此可以看出，武汉市 2020 年湖泊斑块数量呈持续缓慢增加趋势，湖泊面积减少以大中型湖泊为主，同期小型湖泊的面积相对增大，综合考虑自然演变和人为影响过程，可以推断小型湖泊面积增加的潜在原因包括大湖的自然萎缩、人为的围垦、开发建设等。2020 年武汉市湖泊分布如图 1-9 所示。

1.2.9　近百年来武汉城市湖泊群总体变迁历程

综合武汉市 20 世纪 20 年代以来的大量地图和遥感资料，涉及地形图、遥感影像图和文字数据材料，对武汉市湖泊近百年以来的变迁历程进行了监测和分析。武汉市近百年来湖泊面积变化趋势如图 1-10 所示，自 20 世纪 20 年代至 2020 年，武汉市湖泊整体呈现出面积逐渐缩小的趋势。其中 20 世纪 20 年代的湖泊总面积为 1789km²，2020 年的湖泊面积为 657.33km²，面积减少了约 1131.67km²，减小比例达到 63.26%。

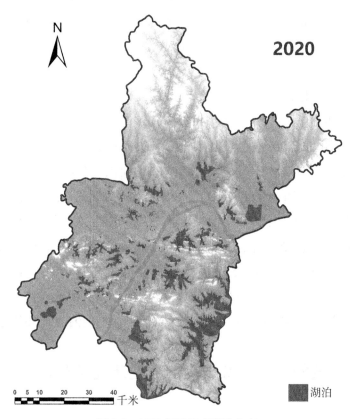

图 1-9　2020 年武汉市湖泊分布

（由 2020 年 Landsat OLI 影像得到的湖泊分布图，底图为武汉市数字高程模型数据）

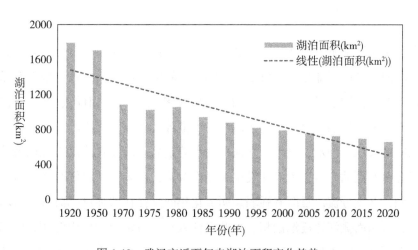

图 1-10　武汉市近百年来湖泊面积变化趋势

为了分析湖泊面积变化较为剧烈的年份，引入了湖泊面积变化速率作为评价指标，定义为当期湖泊面积的减少值与上期湖泊面积的百分比。以 20 世纪 20 年代为起始时期，计算了不同年代的面积减少比例分别为 4.8%，36.4%，5.4%，-3.2%，11.0%，6.8%，6.6%，3.4%，4.4%，4.4%，3.8%，5.5%。通过该指标，可以发现武汉市湖泊在 20 世纪 70 年代和 1985 年左右面积变化较为剧烈。结合参考资料和文献，第一个阶段是 20 世纪 50 年代至 70 年代初，由于人口增长，粮食问题成为我国当时最大的问题之一，而当时由于生产技术落后，单位亩产不高，为获得更多的粮食，全国掀起一股"以粮为纲"的运动，大面积的湖区和湿地被填占，变成了田地。应该说这一阶段是在政府主导下的围湖造田。第二个阶段是 20 世纪 80 年代至 90 年代，则是为了顺应改革开放，增加经济效益的需要，群众自发性的围湖养殖，发展水产，引起湖泊面积的大面积缩减。

湖泊面积分级分析表明，武汉市湖泊面积大于 33.33km² 的湖泊比例自 20 世纪 20 年代以来逐渐降低，20 世纪 20 年代，20 世纪 50 年代，20 世纪 70 年代，20 世纪 80 年代，20 世纪 90 年代，2000 年，2010 年，2020 年其所占比例分别为 85.0%，64.8%，66.1%，66.7%，62.3%，57.8%，53.8%，51.5%。而湖泊面积小于 0.67km² 的湖泊所占比例呈现出逐期增加的趋势，其所占比例分别为 0.5%，5.1%，2.1%，2.7%，2.9%，3.6%，4.4%，4.5%，其中 20 世纪 50 年代比例相对较高。而中型湖泊的面积变化整体波动较大。

1.3 基于水系结构的武汉城市湖泊群变迁过程分析

1.3.1 武汉城市湖泊群的水系结构

1.3.1.1 主要河流水系

武汉市位于长江中游，长江在市内横贯而过，汉江在武汉市中部汇入长江，将市区划分为武昌、汉阳、汉口三部分，形成了三镇隔水对峙的格局。长江武汉段有 9 条较大的支流汇入，长江北岸接纳了汉江(汉水)、东荆河(又名通顺河)、府河、滠水、倒水、举水等 6 条大支流，南岸接纳了金水、巡司河、青山港等 3 条较大支流。

其中北岸的汉江有沔水、夏水、襄河、汉水等别名。汉江在武汉市境内弯曲狭窄且分汊较多，河势左右摆动。历史上汉江发生了多次改道，两宋时期汉江有两个入江口并存于龟山南北两侧，两支分流流量时有强弱。明成化年间汉江在郭师口(郭司口，今郭茨口)一段裁弯取直，龟山南侧河道逐渐淤积。从此汉江入长江口定位于龟山北侧，汉口与汉阳以此被分隔。东荆河(古称沱水)发源于汉水下游南岸龙头拐，是汉水下游唯一的天然分洪道，由天门龙家台入境，向东经曲口在蔡甸南部与杜家台洪道汇合，至汉阳沌口镇南部注入长江。府河有两个河段，上段名涢水、界河，下段名沦河、朱家河。府河发源于湖北随州市大洪山北麓，原流经随州、安陆、应山、云梦、应城、汉川入汉水。1959年通过汈汉湖改府河下流由云梦东进孝感，至卧龙潭与滠水汇合，再入黄陂与滠水并流，流经东西湖北面，在汉口谌家矶入长江。滠水自大悟县河口镇进入黄陂，贯穿黄陂后至五通口与谌家矶之间汇入长江。倒水与举水两河均发源于大别山区，其中倒水自红安南入境，由于上游比降大，水流如倾倒因此名为倒水，举水则从麻城南入境，两河均自北向南纵贯新洲区，分别在该区的龙口和大埠镇入长江，沙河为举水最大支流，在辛冲街白塔河汇入举水。

南岸的金水河发源于鄂东南的幕阜山，自咸宁境内的斧头湖入武汉境内，流经江夏区西南部，在金口镇汇入长江。巡司河又称里河，源自武昌县汤逊湖，左汇黄家湖水，右汇南湖水，经李桥、板桥、千家街、长虹桥、武泰闸至鲇鱼套入长江。

1.3.1.2 湖泊水系结构

武汉市166个湖泊分属29个水系及排水系统，基于SRTM数字高程模型数据的流域分割结果和河流水系的组成结构，现又将其归于12个水系，武汉市湖泊水系分区如图1-11所示，具体包括涨渡湖水系、武湖水系、童家湖-后湖水系、东西湖-后湖水系、梁子湖水系、北湖水系、东沙湖水系、汤逊湖水系、墨水湖-龙阳湖-南北太子湖水系、西湖水系、鲁湖-斧头湖-西凉湖水系、泛区水系。

1. 涨渡湖水系

涨渡湖水系位于武汉市新洲区，处于长江北岸，包含倒水与举水两条河流水系之间大面积的平原湖区。20世纪20年代的涨渡湖与长江相连，自然通江，与武湖等通江水系在江北形成了大片的洪泛区。为了减轻洪涝灾害，1949年冬挖开鹅公颈老河，让湖水直排长江。1951年起长江水利委员会决定修建涨渡湖蓄洪垦殖工程，至1953年筑起举西大堤隔断举水，1954年在长江干堤挖沟处建成涨渡湖排水闸，1956年对倒水河下游进行堵支强干等初治工程。1959—1960年在倒水河上游修建了金沙河水库拦蓄山洪。1972年3月完成了举水治理工程，使倒水最终撇入长江，最终确定了涨渡湖水系目前的格局，目前的涨渡湖水系具体包括安仁湖、兑公咀湖、七湖、曲背湖、三宝湖、陶家大湖、鄢家湖、涨渡湖等8个湖泊，除曲背湖外其他7个湖泊在20世纪50年代之前均为涨渡湖的子湖，随着20世纪50年代以后的围垦逐渐被分隔成子湖。

2. 武湖水系

武湖水系跨武汉市黄陂区与新洲区，具体包括安汉湖、李家大湖、什仔湖、胜家海、汤湖、汪湖汊、武湖、项家汊、小菜湖、朱家湖、柴泊湖等11个湖泊，这些湖泊在20世

图 1-11　武汉市湖泊水系分区（由 SRTM 数字高程模型数据得到的水系分区图）

纪 50 年代之前均为武湖的子湖。武湖原为长江冲积而成的天然湖泊，与长江自然相通。自 1968 年在入江河道上修建控制闸后，与长江分隔，水位变幅变小，逐渐被围垦，从而被分隔成目前的 11 个子湖。

3. 童家湖-后湖水系

童家湖-后湖水系地跨孝感市孝南区与武汉市黄陂区。1959 年 11 月，孝感地区组织 13.8 万名民工，开展汉北地区水利综合治理，其关键性工程之一的府澴河改道工程施工，共开挖河道 91.4km，完成土石方 3200 万立方米，将原属汈汊湖水系的府河（又名涢水）改道，在卧龙潭与澴河合流，经东山头至谌家矶入长江。1963 年，修筑府澴河童家湖堤防和童家湖闸，河湖分离。自此，童家湖成为封闭湖泊，基本形成现有水系。水系内具体包括后湖、金潭湖、马家湖、麦家湖、盘龙湖、任凯湖、汤仁海、童家湖、西赛湖、新漖湖、姚子海、张斗湖、长湖等 13 个湖泊。其中 20 世纪 50 年代之前本水系内湖泊均与府河相连，洪水泛滥时与东西湖相连，形成十分广阔的大湖景象。

4. 东西湖-后湖水系

东西湖-后湖水系包含了武汉市东西湖区、江汉区、硚口区、江岸区的范围，该水系处于长江西岸府河与汉江之间的区域。该湖泊水系主要包含东西湖水系和后湖水系两部分，东西湖水系在20世纪20年代为包含东湖和西湖两个子湖的大湖区。而汉口后湖区则是汉江改道后，汉江故道逐渐淤积形成的大片湖沼区域，亦称为黄花涝，后来随着汉口的逐渐开发，汉口后湖被分割成数个小湖。目前东西湖-后湖水系主要包含北晒湖、东大湖、东银湖、金湖、银湖、下银湖、潇湘海、墨水湖、杜公湖、釜湖、马投潭、黄狮海、巨龙湖、李家教、杨泗泾、龙王沟、泥达湖、山西晒、上金湖、西湖、肖家教、甘家教、小罗晒、张毕湖、竹叶海、小南湖、后襄河、皖子湖、北湖、机器荡子、塔子湖、金银潭、菱角湖、幺教湖、玉龙湖、月牙湖等36个湖泊。

5. 梁子湖水系

梁子湖水系跨东湖新技术开发区、江夏区和鄂州市，北部接青山的北湖水系，西部分别与东沙湖水系、汤逊湖水系、鲁湖-斧头湖-西凉湖水系相邻。主要包括梁子湖、牛山湖、豹獬湖、车墩湖、严家湖等5个湖泊，在20世纪50年代之前该水系中的5个湖泊相互连通，洪水期时形成一体的大湖面。随着围垦、修建大坝，逐渐分隔，严家湖和车墩湖与鄂州的鸭儿湖紧邻，豹獬湖与梁子湖被围垦为陆地，而梁子湖与牛山湖之间也以大坝阻隔（注：2016年7月14日牛山湖破垸分洪，两湖又重新恢复连通）。

6. 北湖水系

北湖水系跨青山区、武汉化学工业区、洪山区及东湖新技术开发区，北邻长江，东南与梁子湖水系相邻，西南与东沙湖水系相接。该水系主要包括北湖、青潭湖、五加湖、严东湖、严西湖、竹子湖等6个湖泊。在20世纪50年代开发围垦之前，除严东湖、五加湖外，其他4个湖泊均由河道相连，汛期与长江相通。1955年建武惠闸，1965年建北湖闸，1972年建北湖泵站并开挖北湖港，非汛期北湖水系经武惠闸、北湖闸入长江，汛期湖水经北湖港由北湖泵站排出。

7. 东沙湖水系

东沙湖水系跨武昌区、青山区、洪山区及东湖高新区。该水系西北部接长江，东部与北湖水系相邻，南部与汤逊湖水系相接，东南毗邻梁子湖水系。水系主要包括东湖、内沙湖、外沙湖、水果湖、四美塘、杨春湖等6个湖泊。其中水果湖原为东湖的子湖，内外沙湖原为一体的沙湖，清末修筑的粤汉铁路将沙湖划分为内外沙湖两部分。20世纪50年代以前东沙湖水系通过青山港（武丰河），经武丰闸与长江相通，1967年重建武丰灌溉闸，1978年修罗家路排水闸，1979年建罗家路电排站，东湖、沙湖通过沙湖港、罗家港连通，但随着周边的开发围垦，东湖水系完全阻隔。2011年完工的东沙连通工程使得东湖与内沙湖再次通过人工渠道相连。

8. 汤逊湖水系

汤逊湖水系跨武昌区、洪山区、东湖高新区及江夏区。该水系西邻长江，北接东沙湖水系，东接梁子湖水系，南部与鲁湖-斧头湖-西凉湖水系相邻。该水系包含道士湖、郭家湖、黄家湖、南湖、青菱湖、晒湖、神山湖、汤逊湖、西湖、野湖、野芷湖、紫阳湖等 12个湖泊。20 世纪 50 年代以前该水系的水通过巡司河及一些沟渠经武泰闸自排入江，1956年建陈家山排水闸并重建武泰闸，1978 年修汤逊湖电排站，后建解放闸取代武泰闸的节制功能。非汛期汤逊湖水系通过陈家山闸自排入江，汛期则由汤逊湖泵站电排入江。

9. 墨水湖-龙阳湖-南北太子湖水系

墨水湖-龙阳湖-南北太子湖水系北接汉江，东临长江，南部与泛区水系相接，西部与西湖水系相邻。该水系包含有北太子湖、南太子湖、龙阳湖、墨水湖、后官湖、莲花湖（汉阳区）、莲花湖（蔡甸区）、三角湖、石洋湖、万家湖、月湖等 11 个湖泊。各湖泊由朱湖新港、升官渡港、回新总港及江堤连通港相互连通。1967 年建东风排水闸，1969 年建琴断口闸，1980 年建东湖电排站，非汛期湖水由东风闸排入长江或由什湖闸琴断口闸排入汉江，汛期什湖地区由什湖泵站排涝，其他湖泊内涝水由东湖泵站排入长江。2011 年汉阳六湖连通工程全线贯通，在新建、扩建、疏通河渠的基础上，形成了新的"两江六湖九渠"的水网。

10. 西湖水系

西湖水系位于蔡甸区，该水系北部与东西湖-后湖水系相邻，东部与墨水湖-龙阳湖-南北太子湖水系相接，南部被泛区水系所包围。该水系包含西湖、白莲海、崇仁湖、大茶湖、金鸡赛、金龙湖、龙家大湖、庙汉湖、小汆湖、瓦家赛、小茶湖、小金鸡赛、许家赛、长洲赛等 14 个湖泊。

11. 鲁湖-斧头湖-西凉湖水系

鲁湖-斧头湖-西凉湖水系位于江夏区，该水系西临长江，北接汤逊湖水系，东部与梁子湖水系相接。该水系包含斧头湖、上涉湖、下涉湖、金口后湖、军区湖、枯竹海、鲁湖、坪塘湖、前湖、乾湖、宋家启、王浪湖、杨蒋湖等 13 个湖泊。

12. 泛区水系

泛区水系位于蔡甸区与汉南区，该水系北接西湖水系和墨水湖-龙阳湖-南北太子湖水系，东临长江。泛区为东荆河（又称通顺河）的尾闾，沌口为其河道入长江的河口。水系包含笔砚湖、沉湖、川江池、东北湖、独沧湖、官莲湖、神潭湖、桂子湖、金堆湖、烂泥湖、龙湖、牛海湖、牛尾湖、前栏湖、上乌丘、坛子湖、桐湖、湾湖、王家涉、无浪湖、西北湖、下善湖、湘沉潭、小官莲湖、张家大湖、中山湖、硃山湖、竹林湖、桂木湖、状元湖、汤湖等 31 个湖泊。20 世纪 50 年代修建了杜家台分洪闸，随后实施了东荆河下游改道将出口改至向新潭上侧注入长江,1967 年修建黄陵矶闸,配合杜家台闸泄洪入江,防止江水倒灌。

1.3.2 武汉城市湖泊群各水系单元的湖泊面积变化过程

1. 涨渡湖水系湖泊面积变化分析

涨渡湖水系湖泊面积变化如图 1-12 所示,自 20 世纪 20 年代至 2020 年,涨渡湖水系湖泊整体变化可以分为两个阶段,第一个阶段是 20 世纪 20 年代到 20 世纪 50 年代,涨渡湖水系的湖泊面积呈现出增大的趋势,由 180.8km² 增加为 214.0km²。而 20 世纪 50 年代以后,涨渡湖水系的湖泊面积具有逐渐缩小的趋势,其中 20 世纪 70 年代和 20 世纪 75 年代面积变化较为剧烈,分别减少了约 95km²、55km²。

20 世纪 50 年代至 2020 年的监测结果表明,涨渡湖水系面积减少了 163.8km²,湖泊减少的部分主要被改变为农田、鱼塘和城镇用地,其中 54.98km² 转换为了鱼塘,94.78km² 转换为了农田,9.01km² 转换为了城镇用地。

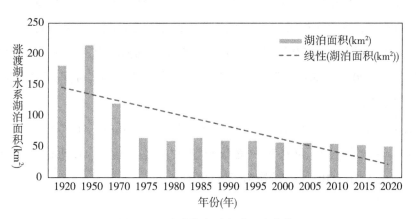

图 1-12　涨渡湖水系湖泊面积变化

2. 武湖水系湖泊面积变化分析

武湖水系湖泊面积变化如图 1-13 所示,自 20 世纪 20 年代至 2000 年,武湖水系湖泊整体变化可以分为两个阶段,第一个阶段是 20 世纪 20 年代到 20 世纪 50 年代,武湖水系的湖泊面积呈现出增大的趋势,由 198.3km² 增加为 260.6km²。而 20 世纪 50 年代以后,武湖水系的湖泊面积具有逐渐缩小的趋势,其中 20 世纪 70 年代面积变化较为剧烈,减少了约 184.9km²。

20 世纪 50 年代至 2020 年的监测结果表明,武湖水系面积减少了 225.15km²,湖泊减少的部分主要被改变为农田、鱼塘和城镇用地,其中 58.6km² 转换为了鱼塘,151.2km² 转换为了农田，10.8km²转换为了城镇用地。

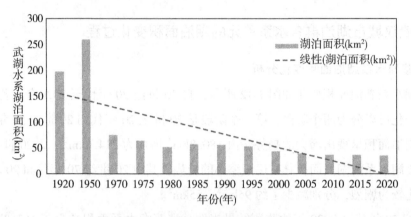

图 1-13　武湖水系湖泊面积变化

3. 童家湖-后湖水系湖泊面积变化分析

童家湖-后湖水系湖泊面积变化如图 1-14 所示，自 20 世纪 20 年代至 2020 年，童家湖-后湖水系湖泊整体表现出面积减小的趋势，其中 20 世纪 20 年代至 20 世纪 50 年代湖泊面积相对稳定，50 年代以后至 70 年代，童家湖-后湖水系湖泊面积急剧减小，由 96.8km² 减小为 50.6km²。而 20 世纪 80 年代以后，童家湖-后湖水系的湖泊面积虽然仍是减小的趋势，但是面积减小的速度相对稳定。

20 世纪 50 年代至 2020 年的监测结果表明，童家湖-后湖水系面积减少了 69.4km²，湖泊减少的部分主要被改变为农田、鱼塘和城镇用地，其中 41.2km² 转换为了鱼塘，16.9km²转换为了农田，10.7km²转换为了城镇用地。

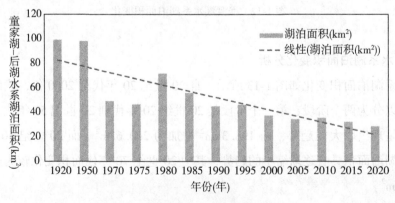

图 1-14　童家湖-后湖水系湖泊面积变化

4. 东西湖-后湖水系湖泊面积变化分析

东西湖-后湖水系湖泊面积变化如图1-15所示，自20世纪20年代至2020年，东西湖-后湖水系湖泊整体表现出面积减小的趋势，其中20世纪20年代至20世纪50年代湖泊面积相对稳定，50年代以后至70年代，东西湖-后湖水系湖泊面积急剧减小，由293.4km²减小到30.2km²。而20世纪70年代以后，东西湖-后湖水系的湖泊面积仍呈减小的趋势，但是面积减小的速度相对稳定。

20世纪50年代至2020年的监测结果表明，东西湖-后湖水系面积减少了282.2km²，湖泊减少的部分主要被改变为农田、鱼塘和城镇用地，其中118.7km²转换为了鱼塘，126.6km²转换为了农田，27.6km²转换为了城镇用地。

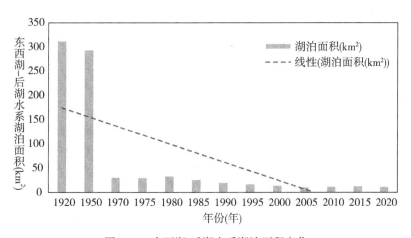

图1-15　东西湖-后湖水系湖泊面积变化

5. 梁子湖水系湖泊面积变化分析

梁子湖水系湖泊面积变化如图1-16所示，自20世纪20年代至2020年，梁子湖水系湖泊整体表现出面积逐渐减小的趋势，其中20世纪20年代的湖泊面积达到357.4km²，至2020年逐渐减小为204.2km²，相对20世纪20年代梁子湖水系湖泊总面积减小了约43%。

20世纪50年代至2020年的监测结果表明，梁子湖水系面积减少了57.1km²，湖泊减少的部分主要被改变为农田、鱼塘，其中19.6km²转换为了鱼塘，20.1km²转换为了农田。

6. 北湖水系湖泊面积变化分析

北湖水系湖泊面积变化如图1-17所示，自20世纪20年代至2020年，北湖水系湖泊整体表现出面积逐渐减小的趋势，其中20世纪20年代的湖泊面积达到50.5km²，至2020年逐渐减小为20.8km²，相对20世纪20年代北湖水系湖泊总面积减小了约58.9%。

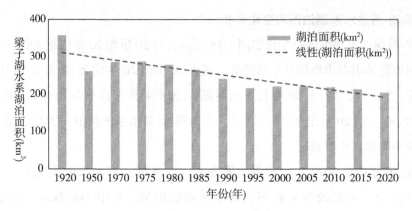

图 1-16　梁子湖水系湖泊面积变化

20 世纪 50 年代至 2020 年的监测结果表明，北湖水系面积减少了 20.7km²，湖泊减少的部分主要被改变为农田、鱼塘和城镇用地，其中 7.3km² 转换为了鱼塘，5.9km² 转换为了农田，4.8km² 转换为了城镇用地。

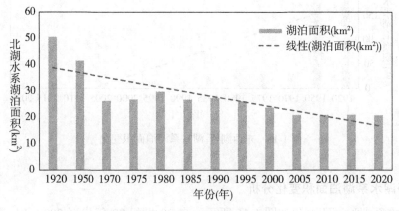

图 1-17　北湖水系湖泊面积变化

7. 东沙湖水系湖泊面积变化分析

东沙湖水系湖泊面积变化如图 1-18 所示，自 20 世纪 20 年代至 2020 年，东沙湖水系湖泊整体面积相对稳定，其中 20 世纪 20 年代的湖泊面积为 45.1km²，至 2020 年逐渐减小为 34.9km²，相对 20 世纪 20 年代东沙湖水系湖泊总面积减小了约 10.2km²。

20 世纪 50 年代至 2020 年的监测结果表明，东沙湖水系面积减少了 7.2km²，湖泊面积减少的部分主要被改变为农田、城镇用地，其中 1.1km² 转换为了农田，4.8km² 转换为了城镇用地。

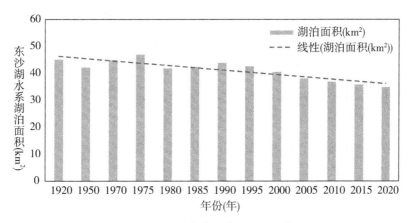

图 1-18 东沙湖水系湖泊面积变化

8. 汤逊湖水系湖泊面积变化分析

汤逊湖水系湖泊面积变化如图 1-19 所示，自 20 世纪 20 年代至 2020 年，汤逊湖水系湖泊整体表现出面积波动减小的趋势，其中 20 世纪 20 年代至 20 世纪 50 年代湖泊面积略有增加，50 年代以后至 75 年代之间，汤逊湖水系湖泊面积相对稳定，1975—1985 年以及 1990—2020 年，汤逊湖水系湖泊面积相对有一定程度的减小，分别减少了 20.3km^2 和 26.6km^2。

20 世纪 50 年代至 2020 年的监测结果表明，汤逊湖水系面积减少了 49.1km^2，湖泊减少的部分主要被改变为农田、鱼塘和城镇用地，其中 17.46km^2 转换为了鱼塘，9.18km^2 转换为了农田，18.5km^2 转换为了城镇用地。

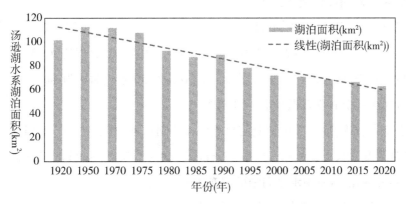

图 1-19 汤逊湖水系湖泊面积变化

9. 墨水湖-龙阳湖-南北太子湖水系湖泊面积变化分析

墨水湖-龙阳湖-南北太子湖水系湖泊面积变化如图 1-20 所示，自 20 世纪 20 年代至

2020 年，墨水湖-龙阳湖-南北太子湖水系湖泊整体表现出面积波动减小的趋势，其中 20 世纪 20 年代至 20 世纪 75 年代湖泊面积逐渐减小，1975—1980 年、1985—1990 年呈增加趋势，随后至 2020 年呈现出减小的趋势。20 世纪 20 年代湖泊面积最大为 99.1km²，2020 年湖泊面积最小为 43km²。

20 世纪 50 年代至 2020 年的监测结果表明，墨水湖-龙阳湖-南北太子湖水系面积减少了 38.0km²，湖泊减少的部分主要被改变为农田、鱼塘和城镇用地，其中 2.9km² 转换为了鱼塘，18.4km² 转换为了农田，13.5km² 转换为了城镇用地。

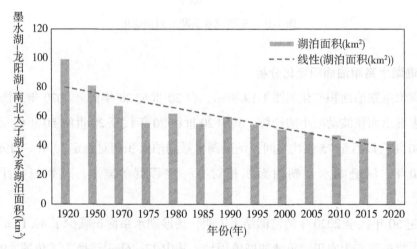

图 1-20　墨水湖-龙阳湖-南北太子湖水系湖泊面积变化

10. 西湖水系湖泊面积变化分析

西湖水系湖泊面积变化如图 1-21 所示，自 20 世纪 20 年代至 2020 年，西湖水系湖泊整体表现出面积逐渐减小的趋势，其中 20 世纪 20 年代的湖泊面积达到 95.4km²，20 世纪 20 年代至 20 世纪 50 年代面积减小较剧烈，至 20 世纪 50 年代缩小为 34.5km²，相对 20 世纪 20 年代西湖水系湖泊总面积减小了约 64%。

20 世纪 50 年代至 2020 年的监测结果表明，西湖水系面积减少了 18.9km²，湖泊减少的部分主要被改变为农田、鱼塘，其中 12.6km² 转换为了农田，4.5km² 转换为了鱼塘。

11. 鲁湖-斧头湖-西凉湖水系湖泊面积变化分析

鲁湖-斧头湖-西凉湖水系湖泊面积变化如图 1-22 所示，自 20 世纪 20 年代至 2000 年，鲁湖-斧头湖-西凉湖水系湖泊整体面积呈现出波动减小的趋势，20 世纪 20 年代的湖泊面积为 207km²，至 2020 年逐渐减小为 109.7km²，相对 20 世纪 20 年代，鲁湖-斧头湖-西凉湖水系湖泊总面积减小了约 97.3km²。

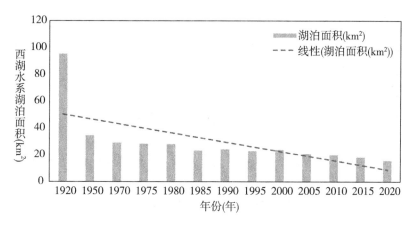

图 1-21 西湖水系湖泊面积变化

20 世纪 50 年代至 2020 年的监测结果表明，鲁湖-斧头湖-西凉湖水系湖泊总面积减少了 83.3km²，湖泊减少的部分主要被改变为农田、鱼塘，其中 35.9km² 转换为了农田，24.7km² 转换为了鱼塘。

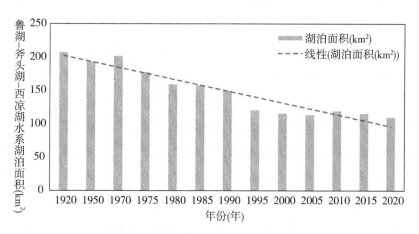

图 1-22 鲁湖-斧头湖-西凉湖水系湖泊面积变化

12. 泛区水系湖泊面积变化分析

泛区水系湖泊面积变化如图 1-23 所示，自 20 世纪 20 年代至 2020 年，泛区水系湖泊面积波动相对较大，其中 20 世纪 20 年代的湖泊面积为 43.2km²，至 2020 年面积减少到 41.1km²，20 世纪 80 年代泛区水系的湖泊面积达到最大，为 148.9km²，参考《湖北水利志》等文献资料，泛区水系的湖泊面积主要受到水利工程等人为因素的影响。

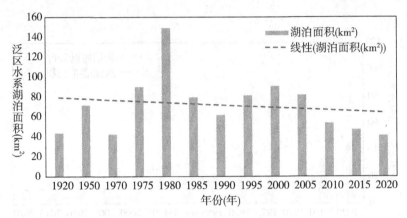

图 1-23　泛区水系湖泊面积变化

1.3.3　武汉城市湖泊水系中的湖泊消失原因分析

对比武汉市 1950 年湖泊分布信息及现有湖泊名录(166 个),共发现消失湖泊 47 个,武汉市近百年消失湖泊统计信息见表 1-1。结果显示 12 个水系中共有 8 个水系中存在消失的湖泊。无消失湖泊的水系主要包括梁子湖水系、汤逊湖水系、童家湖后湖水系和北湖水系。这些水系主要以独立的大湖水系为主,水系内往往湖泊数量不多,且单个湖泊的面积较大,虽然一些因素也会造成这类湖泊面积萎缩,但往往还不至于造成湖泊完全消失。在各水系中消失湖泊个数最多的为泛区水系,共消失湖泊 17 个,其次是鲁湖-斧头湖-西凉湖水系,共消失湖泊 9 个。剩下的水系按湖泊消失数量排序依次为西湖水系(7 个),东西湖-后湖水系(5 个),墨水湖-龙阳湖-南北太子湖水系(5 个),涨渡湖水系(2 个),武湖水系(1 个),东沙湖水系(1 个)。各消失的湖泊在 2020 年之前的变化过程见武汉湖泊历史变迁图集。从不同水系的数量对比可以看出泛区水系受自身洪泛水系的影响及后期分蓄洪区水系调整的影响,其消失的湖泊数量最多。因此大型水利工程的修建会在很大程度上促进一些小型湖泊的围垦消失,其中东西湖-后湖水系、墨水湖-龙阳湖-南北太子湖水系中张家湖、马场湖、四方荡子湖、南湖、小东湖、红旗湖、上月湖主要分布在城区周边,随着城市的发展逐渐被填埋。

表 1-1　　　　　　　　　　　　武汉市近百年消失湖泊统计信息

水系名称	消失湖泊名称	消失湖泊个数
涨渡湖水系	毛成湖	2
	桃树湖	

水系名称	消失湖泊名称	消失湖泊个数
武湖水系	道汉湖	1
东西湖-后湖水系	张家湖	5
	马场湖	
	四方荡子湖	
	南湖	
	小东湖	
墨水湖-龙阳湖-南北太子湖水系	狗港	5
	大小星湖	
	红旗湖	
	上月湖	
	什湖	
泛区水系	龙湖	17
	三角背	
	张家湖	
	黄凌赛	
	东边湖	
	菱角湖	
	新垸湖	
	子棱湖	
	四十湖	
	五十湖	
	太白湖	
	廖家湖	
	万家湖	
	石鱼湖	
	南边湖	
	肖家湖	
	银莲湖	

续表

水系名称	消失湖泊名称	消失湖泊个数
西湖水系	漩海湖	7
	鲁家海	
	脚鱼湖	
	白湖	
	铜台湖	
	后海	
	南赛湖	
鲁湖-斧头湖-西凉湖水系	解放湖	9
	毛坝湖	
	鲤湖	
	东湖	
	大洋湖	
	茶湖	
	三个湖	
	菱米湖	
	土地湖	
东沙湖水系	小沙湖	1

1.4　近代武汉城市湖泊群变化原因浅析

武汉市处于典型的泛滥平原区，其地貌组合系长江、汉江洪泛过程形成的侵蚀与堆积地貌。从总体上看江汉平原的湖泊系长江和汉江演化过程中伴生的浅水湖泊，从其形成演化历史来看，湖泊整体的分布格局受断陷、坳陷等构造所决定。江汉平原全新世以来长期保持为河、湖交错的状态，河流不断改道，湖沼位置也变化不定。湖泊受河流冲淤变化快，一些湖泊往往只有几百年的寿命。在自然演化的情况下，这些湖泊在洪水泛滥时汪洋一片，退水时分散成大大小小的湖泊。近两千年以来随着人类生产力水平的不断提升，围垦、堤防建设等人为活动对湖泊面积的变化产生了巨大的影响。然而，在这一时期，长江和汉江的改道与摆动仍然是导致湖群格局变化的主要因子，如明代成化二年的汉江改道造成了汉口后湖湖群的形成。近代以来，随着人口数量的迅猛增长，工程技术的日益进步，使得人为活动对于湖泊变化的影响越来越强。从湖泊变化的潜在原因来看，主要包括自然的和人为的压力扰动。其中造成湖泊变化的自然因子主要是以降水为代表的气候因子，深层次的人为动因则主要表现为武汉市城市人口的增加及土地资源的压力。人口的增加在一定程度上促使了湖泊资源的开发。而湖泊面积变化的直接原因主要包括河湖水系结构的调整、人为开发利用所造成的湖泊面积减少。由于近代以来仅有百年时间，水系的自然调整规模较小，主要表现为大洪水期的河流决口，而人为的水系调整主要包括堤防建设、分蓄洪区的规划等。人为开发直接表现为土地利用类型的改变，具体表现为湖泊被开发为鱼塘、农田、城镇用地等。

1.4.1　武汉城市湖泊群变化的潜在原因分析

1.4.1.1　气候变化因子分析

虽然降水、气温、蒸散发等众多的气候因子都可能对湖泊水量收支造成影响，但降水作为最关键的影响因子，基本可以反映自然因素对湖泊变化的潜在影响。以武汉市气象站点的降水观测数据分析了来水变化对湖泊面积变化的潜在影响。基于中国气象共享网武汉站的降水月值数据，通过年值统计，得出武汉市年均降雨变化趋势如图 1-24 所示。最大值出现在 1954 年，最小值出现在 1966 年，两者变幅达 25.68%。通过线性回归分析发现，1950—2020 年武汉市降水略有增加，年均增加率为 1.66mm，但该趋势在 95% 置信度水平下并不显著。按照湖泊变化图谱所使用影像同时段的降水数据得出武汉市不同时期年均降雨量见表 1-2。但从同期的湖泊面积数据来看，湖泊面积与降水的增减幅度相关性并不明显，降水变化仅对个别湖泊的面积结果产生小的波动性影响。

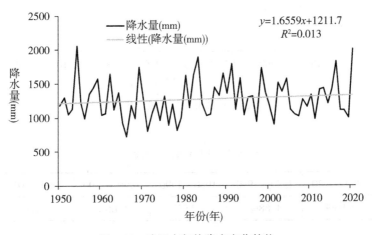

图 1-24　武汉市年均降水变化趋势

表 1-2　　　　　　　　　　　武汉市不同时期年均降水量　　　　　　　　（单位：mm）

时期(年)	1950	1970	1975	1980	1985	1990	1995	2000	2005	2010	2015	2020
降水量	1178.1	1235.7	1320.2	1623.6	1029.7	1355	1296.3	1179.8	1116.6	1337.9	1427.5	2012

1.4.1.2　人口增长因素分析

在社会经济发展的过程中，尤其在其发展的初级阶段，需要利用更多的资源来促进经济的发展，从而对湖泊保护造成压力。在这些社会经济发展因子中，对湖泊变化影响最大的是人口因子。人口的增加需要更多耕地提供基本的粮食保证，需要更多的建设用地提供生产生活所需的基础设施。武汉市人口数量变化趋势如图 1-25 所示。从图中可以看出武汉市的人口基本呈线性增长趋势，年均人口增长 11.07 万人，即每年约增加近 11 万人。由湖泊变化图谱所使用影像同时段的人口数据得出武汉市不同时期人口增长率（表 1-3）。从表中可以看出，1950—2020 年的人口增长率在 1.66%~2.98%，其中增速最快的时段在 1950—1970 年，该时间段也是新中国成立初期农业大开发围垦规模最大的时段，湖泊面积减少在该阶段也最为明显。

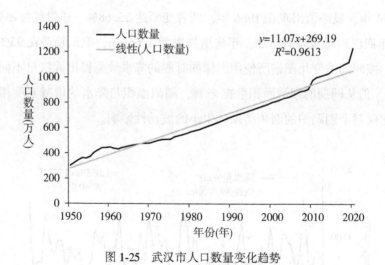

图 1-25　武汉市人口数量变化趋势

表 1-3　　　　　　　　　　　武汉市不同时期人口增长率

时期(年)	1950—1970	1970—1980	1980—1990	1990—2000	2000—2010	2010—2020
人口增长率	2.98%	1.88%	2.09%	1.66%	2.16%	2.59%

1.4.1.3 土地资源因素分析

人口的迅速增加带动了对土地资源的迫切需求。土地是人类生存与发展的基础，当前，人口、资源、环境的协调发展已成为全人类关注的迫切问题。对于我们这样一个人口多、耕地少、后备资源不足的国家来说，耕地事关国民经济可持续发展和社会稳定的大局。然而，随着人口的迅猛增长，人均耕地面积逐渐减少，填湖造田的压力骤增。湖区地形平坦，土壤肥力高使得围湖圈地造田的事情时有发生。与此同时，城市建设土地寸土寸金，城区内的湖泊由于地形平坦，改造难度相对较小，且改造后的经济价值较高，所以相对于其他类型的土地覆盖类型，更容易被开发为城市建设用地。

总体而言，武汉市共经历了两个明显不同的填湖阶段，两个阶段填湖的用途发生了明显的改变，这与土地价值的变化存在显著的关系。第一阶段是1949年初至20世纪70年代，由于该时期农业生产力水平低，粮食产量难以满足需求，在国家以粮为纲的政策指导下，围湖造田将湖泊改造为农田是该阶段武汉市乃至全国填湖的主要形式。具体而言，武汉市共经历了1957—1962年、1963—1970年、1971—1976年3次大规模的填湖造田过程。在这一过程中武汉市大量的湖泊被分割开垦，面积锐减甚至消失，在大型湖泊中这一表现更为明显。第二个阶段是改革开放以后，随着市场经济的逐步发展，渔业与传统种植农业相比，其经济附加值更高，因而此阶段的农业用途的填湖过程中被改造为水塘的面积占主要部分。此外，随着第三产业的兴起发展，城镇用地的需求日益增加。由于1986年《中华人民共和国土地管理法》的出台，1987年以后出现了第一次城区的圈地运动。1992年6月，中共中央和国务院发出《关于加快发展第三产业的决定》（中发〔1992〕5号），全国许多城市都进行了产业结构调整，中心城市的经济重点逐步向第三产业转换，导致武汉中心城区的建设密度急剧增加，城市用地需求大幅上升，使得这次圈地运动进入高潮，在这次城市圈地运动过程中大量的湖泊被填埋为城镇用地。随后由于1998年住房分配制度的逐步停止，房地产开发逐渐兴起，第二次以房地产开发为主的城市圈地运动逐步展开。本研究主要结合1970—2020年的土地利用数据分析了不同土地利用类型的土地资源价值与使用偏好对湖泊面积减少的潜在影响。

利用1970—2020年的11期土地利用数据，提取了武汉市不同阶段之间由湖泊转换为农田、水塘、建设用地、植被、裸地等其他土地利用类型的面积，1970—2020年湖泊转变为其他地物面积信息如图1-26所示。从转换面积来看，50年间，湖泊被改造为农田和水塘的面积较大。其中，湖泊被改造为农田的面积总量有160.18km²。共有121.37km²的湖泊被围垦为水塘，由于其开发难度较小，且经济效益较传统农业而言，经济附加值更高，因而渔业逐渐取代传统种植农业成为农业改造湖泊的主要部分。这与市场经济的发展，渔业的效益逐渐展现有密切关系。同期，湖泊改造为建设用地的面积为 93.03km²，50 年间建设用地侵占湖泊面积占比较小，面积占消失湖泊总面积的 21.9%。伴随着城市基础设施的建设力度加大，建设用地侵占湖泊的面积在该阶段逐渐增大。从变化时间来看，1995 年后转变为建设用地的湖泊面积逐渐增大，从上文的分析来看，该时段恰好是第三产业兴起的时段，也是第一次城市圈地运动的高潮时期。这与 1992 年邓小平同志南方讲话后逐步加快了中西部对外开放的力度，武汉市大量工业建设逐步开展，配套的基础设施建设需求增大有明显关系。可见随着市场经济的逐步开展，同样是 25 年时间，1995—2020 年与 1970—1995 年相比，后一阶段由湖泊改造为建设用地的面积是前一阶段的 1.83 倍以上。可见城市圈地运动对湖泊面积的减少造成极为显著的影响。虽然城市建设在该阶段对湖泊面积的减少没有农业开发的影响大，但城市湖泊水体往往面积更小，承载力有限且周边的污染压力更大，因而对湖泊的影响可能更为深远。

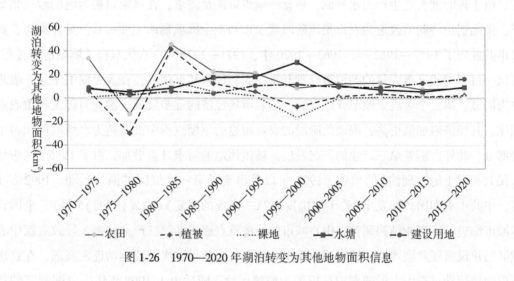

图 1-26　1970—2020 年湖泊转变为其他地物面积信息

1.4.2　武汉市湖泊变化的直接诱因分析

　　虽然降水与人口等因素的变化对湖泊范围的变化具有间接的驱动作用，但直接影响湖泊面积发生变化的因素主要还是水系调整、农业开发(含农业围垦与渔业养殖)。从武汉市湖泊地质历史的演变来看，武汉市所在的江汉湖群一直处于河湖相交替的状况，即河湖之间的关系经常发生变化，河流的洪泛过程是决定湖泊格局的关键。在近代以前，由于人类堤防规模有限，对河湖水系的控制能力不足，因此河流的摆动与改道是造成武汉市湖泊变化的主要因素。近代以来由于一系列水利工程的修建，使得河势在很大程度上受人为控制的影响，长江、汉江及其支流无法像历史上一样自由摆动，一系列的水系治理工程使得河流的洪泛过程受到强烈的约束。此外，通过闸坝、电排站的控制，使得湖泊与河流之间的交流明显减弱，因而难以像历史时期一样通过少数的洪泛过程在一些自然洼地中形成大量新的湖泊。伴随河湖的阻隔，湖泊的来水量受到了明显的约束，湖泊面积难以通过自然的过程有所增长。此外，将湖泊土地覆盖类型改变为农田、鱼塘、城镇用地则直接造成了湖泊面积的减少。

1.4.2.1 水利工程建设

近代以来对湖泊面积影响较大的水利工程主要包括河道治理工程、分蓄洪工程以及其他的堤防建设工程。

1950 年以来武汉周边的河流治理工程主要包括府澴河改道工程、汉北河治理工程、东荆河下游改道工程、倒水下游改道工程以及滠水下游治理工程。下面以倒水下游改道工程以及滠水下游治理工程为例分析河道治理工程对湖泊的影响。倒水发源于大别山南麓河南省，向南流经湖北红安县，由李家集流入涨渡湖。涨渡湖的入湖支流东有举水、西有倒水，两水入湖后与长江相通。由于上纳举、倒二水的山洪，下受长江的顶托，历史上洪涝灾害频繁。1954 年在干堤建成了 4 孔 240m³/s 的涨渡湖排水闸，1956 年又对倒水下游进行了堵干强支、展宽堤距的初治工程。1959 年在倒水上游又修建了金沙河水库拦截山洪。倒水改道工程上起刘溪畈，下到龙口入江，开挖新河道或裁弯取直共 38km，沿河共修建有 25 座闸、15 座电排站、两座公路桥和龙口节制大闸，于 1972 年 3 月倒水改道工程完工，撤除了 1793km² 的流域来水(10 年一遇 3 日暴雨来水总量约 5 亿立方米)，可降低湖水位 1.6m。滠水下游治理工程则是武湖围垦的基础。滠水发源于大别山南麓的三角山，自北向南流经湖北的大悟、红安、黄陂三县区，于谌家矶入长江。武湖位于滠水下游，地跨黄陂、新洲两区，1960 年为了建立武湖农场，先后建成涵闸 6 处，建成大中小型水库 10 座，控制面积共计 963km²，占黄陂城区以上流域面积的 46%，减少了下游的洪涝灾害。1967 年完成了武湖大堤的建设，该大堤分上下两段，上起黄陂城关桥头，下至武湖窑头。此外，在黄陂大咀与新洲接壤处筑有 0.5km 的防溃堤，建有控制闸 1 座，1970 年又新建电排站 1 座。新洲县(现新洲区)于 1966 年也修筑了窑头至香炉山 3.3km 的武湖大堤，并新建排水闸，1977 年又在此处新建电排站 1 座。为改变洪涝灾害转狂，1977—1978 年完成了滠水下游改道工程，选择堵东河、治理西河，截断了滠水进入武湖的通道，改道河由江咀出江，明显减小了武湖的洪水压力。水利工程在减少河湖洪涝灾害风险的同时，也直接减少了湖泊的入水量，影响了湖泊的发展扩张。

分蓄洪区的设置是为了利用沿江的湖泊、洼地分蓄长江干流大洪水年份的超额部分。在分洪的过程中，分蓄洪区内会产生类似自然洪泛的效应，造成湖泊的扩张变化。新中国成立后武汉市内规划的分蓄洪区主要包括汉江的杜家台分蓄洪区、东西湖蓄洪区、涨渡湖蓄洪区、武湖蓄洪区等。其中仅有杜家台分蓄洪区实施过分洪，并对泛区流域的湖泊产生了直接的影响。杜家台分蓄洪区位于江汉交汇的三角地带，跨蔡甸、仙桃两市区，主体工程于 1956 年汛期建成，由进洪闸、分洪道、蓄洪区、黄陵矶闸组成。工程建成后，分别于 1956 年、1957 年、1958 年、1960 年、1964 年、1974 年、1975 年、1983 年、1984 年、2005 年和 2011 年 11 年 25 次分洪运用，其中丹江口水库建成后有 6 年 8 次运用，还有两次进行了人员转移。杜家台闸历次分洪运行情况见表 1-4。杜家台分洪区对应的湖泊水系区为泛区水系，由于分蓄洪区的性质决定了泛区湖泊变化受外界扰动影响非常明显，在武汉市所有的湖泊水系分区中，湖泊面积的变化波动最为剧烈，且无明显的变化趋势。

表 1-4　　　　　　　　　　杜家台闸历次分洪运行情况（亿 m³）

序号	分洪运用时间 （年.月）	分洪总量 （亿 m³）	序号	分洪运用时间 （年.月）	分洪总量 （亿 m³）
1	1956.7	5.14	12	1964.9	15.2
2	1956.8	8.37	13	1964.1	25.09
3	1957.7	3.13	14	1974.1	2.83
4	1958.7	7.3	15	1975.8	3.24
5	1958.7	25.7	16	1975.1	6.82
6	1958.8	5.43	17	1983.1	23.06
7	1958.8	7.38	18	1983.1	5.96
8	1960.9	19.77	19	1984.9	9.28
9	1964.7	2.32	20	2005.1	3.68
10	1964.9	4.38	21	2011.9	2
11	1964.9	10.28			

　　20 世纪初，武汉市修筑了张公堤、武泰堤、武丰堤等堤防工程，不仅从更大范围里解除了武汉水患，也对市内的湖泊发展产生了直接影响。光绪三十年（1904 年）张之洞督修汉口后湖长堤，后人称张公堤，堤成之后使得汉口的大片湖沼地区逐渐变成了现在的汉口市区。1900 年在武昌修了武泰堤和武丰堤，其中前者由清代白沙洲至金口包括了原明代熊公堤范围总计 30km。时人称"武泰堤"（为现代武金堤堤顶公路前身）。又修红关至青山15km 大堤，人称"武丰堤"（为今武青堤前身）。在南北各修水闸 1 座，南边巡司河上的被称为"武泰闸"，北边东湖出江口处的被称为"武丰闸"。两堤两闸的建设，使得武昌的江湖联系逐渐被控制。1923 年堵龙干堤的建成，使得原本与长江自然连通的涨渡湖，与长江

分隔开，独立成湖。1949 年后市区堤防逐年加高增厚，目前武汉市的堤防高度已超过
1954 年最高水位 2m。在一系列堤防加固及涵闸工程之后，武汉市目前已没有了完全自然
通江的湖泊，而涵闸通江的湖泊除了极少数的灌江纳苗活动外，江湖之间完全丧失了两者
之间固有的水文联系。

1.4.2.2　农业开发（围垦）

1950—1970 年由于进入和平年代，我国人口增长迅速，从 1.4.1.2 节的人口分析中也
证实了这一时期武汉市的人口增长率最快。鉴于农业生产力水平有限，而人口增加迅速，
为了缓解粮食生产的压力，我国不少地区出现了大面积围垦湖泊的热潮。

武汉市原面积在 $100km^2$ 的大湖成为被农业围垦的重点，涨渡湖、武湖面积减少显著，
其中北湖在武湖水系中面积最大，经过多次围垦之后，原大湖武湖消失，分化成多个小湖
泊，人们就把子湖中的大湖（北湖）称为武湖。东西湖区原有的东湖和西湖被零星分隔成少
数的小湖泊，原有的东湖与西湖均不复存在。20 世纪 60—70 年代，湖北省武昌县（今武
汉市江夏区）围垦了鲁湖的部分子湖，上涉湖亦围垦了部分湖汊，武昌县（今江夏区）在斧
头湖修筑中间湖、枯竹海、四合垸、永丰垸、菱米垸等 9 处围垸。1966 年 5 月，北太子湖
围垦造田，次年定名为武汉市国营四新农场。1970 年前后，梁子湖区掀起围湖垦殖高潮，
先后围垦涂镇湖、东井大围、牛山湖等。同期对童家湖进行围垦后，杨家晒及张家晒与之
隔断，其来水不再汇入童家湖。与此同时，后湖周边的生产队先后围垦盐船仓、新墩、边
鱼汊、群益墩等处湖汊，湖域面积和容积减少。同样在 20 世纪 70 年代，武钢在北湖建农
场，大量的湖泊湿地和水面被围垦。从湖泊围垦的分布来看，虽然各个湖区均有分布，但
最主要的围垦区位于东西湖-后湖水系、涨渡湖水系、武湖水系等大湖周边。从围垦的年
代来看，虽然各个年代均有围垦，但最主要集中在 20 世纪 50 年代至 20 世纪 70 年代，使
得同期武汉市湖泊面积减少最为剧烈。20 世纪 90 年代前后随着水产养殖的兴起，将湖泊
围做鱼塘的情况屡屡发生，武汉市进入了一个小的围垦高峰期。

1.4.2.3　城市建设

城市建设所造成的湖泊面积减少主要分布在中心城区。由于中心城区建设用地紧张，
不少城镇用地占用了中心城区有限的湖泊资源。城市建设用地主要包括城市道路、市政设
施和公园配套设施等。其中最早将湖泊作为建设用地的例子是清末粤汉铁路的修建，将沙
湖分为两半，铁路以西为内沙湖，以东为外沙湖。武汉市城区 1990—2020 年房产开发占
用的湖泊面积（公顷）见表 1-5。20 世纪 90 年代，外沙湖随着团结大道的建设被填占了
0.86 公顷。其他的基础设施建设如汉口的青年大道占用了后襄河的部分水面，四美塘湖的

萎缩与 1995 年前后长江二桥的修建占用部分湖泊水面有关,二桥建设共占用四美塘湖面 1.07 公顷。水果湖被白鹭街的修建占用了 1.6 公顷,汉阳的东风大道和芳草路修建占用了 北太子湖 6.27 公顷的湖面。汉口中山大道、解放大道、汉口火车站地区的建设均是以大量湖泊被填埋为代价的。此外,1994 年雄楚大道的建设和珞喻路的向东拓展,占用了南湖、东湖部分水面。

表 1-5　　　　武汉市城区 1990—2020 年房产开发占用的湖泊面积(公顷)

名称	面积	名称	面积	名称	面积
张毕湖	6.84	月湖	2.13	南湖	46.88
竹叶湖	13.97	莲花湖	3.53	野芷湖	16.07
北湖	15.49	龙阳湖	30.5	东湖	49.18
西湖	5.32	北太子湖	26.03	内沙湖	28.7
塔子湖	29.52	南太子湖	71.47	外沙湖	58.84
机器荡子	1.93	墨水湖	13.45	晒湖	36.85
菱角湖	6.67	三角湖	31.87	后襄湖	12.21
合计			520.47		

除了市政批复的基础设施建设外,房地产开发过程中填湖的例子也很多,例如武昌区的晒湖是房地产开发造成面积急剧萎缩的典型例证。如梅苑小区及周边的多个小区都是在填占晒湖基础上建成的。沙湖的开发过程非常典型,从 1990—2000 年,由于城市开发导致内沙湖 85% 的面积被填埋。汉阳的红旗湖在 1980—2000 年,面积减少了 80% 以上。虽然城市建设造成的湖泊面积减少相对于农业围垦而言相对较小,但由于主要发生在中心城区,而中心城区本来的湖泊资源有限,因而备受关注。从城市开发占用湖泊的时间段来看主要集中在 1980 年以后,即改革开放以后随着市场经济的逐步放开,城市建设力度逐年加大,对湖泊资源造成了显著的威胁。尤其是 1990 年以后,随着商业经济的逐步繁荣,湖泊保护的压力愈发明显。

总体而言,武汉市湖泊近百年来的变化过程主要受人为活动的影响,但不同阶段不同区域的影响方式不尽相同。新中国成立以后的水利工程建设在抵御洪水的同时,也切断了武汉市湖泊与大的江河水系之间的联系,促进了湖区的围垦与开发。其中 20 世纪 50 年代至 20 世纪 70 年代的围湖造田,是造成武汉市湖泊面积减少最为明显的阶段。1980 年以后的城市建设开发造成了主城区湖泊面积的明显减少,但从减少的面积上来看,幅度相对较小。

第2章　城市化对湖泊水环境的影响研究

导读：采用层次分析法，分别从人口、经济、社会化、土地利用及生态环境五个方面建立城市化水平综合评价体系，利用线性加权法评价武汉市城市化水平，结合武汉市近20年的湖泊水质达标率数据，分析其变化趋势，采用环境库兹涅茨曲线说明二者之间的相互制约、相互促进的耦合关系，得到武汉市城市化水平(Y)与湖泊水质变化(x)的耦合模型，进而分析城市化与水环境质量之间的相互作用关系(汪海涛等，2013)。

2.1　城市化与生态环境

城市化(Urbanization)定义为"人口向城镇或城市地带集中的过程"，或者是指"人口向城市地区集中和农村地区转变为城市地区，或指农业人口转变为非农业人口的过程"(许学强等，2009)，所以城市化包括两个方面：一是人口迁移和集中，二是景观的变化(赵宏林，2008)。近几十年来中国的城市化进程得到进一步的快速发展，但也因此产生了包括湖泊生态环境恶化在内的一系列生态环境问题。主要包括：过量利用水资源和城市水体污染严重；城市大气污染问题越发突出；城市噪声污染问题逐渐凸显；城市"垃圾围城"现象明显；城市化引起的光污染逐步显现；城市"热岛效应"引起广泛关注；城市生物多样性严重缺乏(魏力强，2003)。多数城市化发展大致分为以下三个阶段：

(1)城市发展初期阶段：森林、湿地、草地等生态系统功能退化，从而导致水土流失、荒漠化、生物多样性降低等生态环境问题。

(2)城市发展中期阶段：城市规模不断扩大，从而产生了水体污染严重、空气质量恶化、垃圾显著增加等诸多城市环境问题。

(3)城市发展后期阶段：高度城市化造成空气质量持续下降、水资源问题突出等问题。但同时人们的环保意识也不断加强(宋磊，2007)。

随着武汉市城市化的快速发展，探讨武汉市城市化发展与生态环境之间的关系具有重要的现实意义。

2.2　城市化水平评价

根据国内外城市发展的历程，我国已步入快速城市化发展阶段，武汉作为中部特大型城市，其城市化水平要略高于全国平均水平，但距离其作为国家中心城市的地位还有差距，需全面提高城市化水平，所以大力推进武汉市城市化进程现已进入关键时期。加速武汉城市化步伐，可以产生强大的凝聚力和辐射力，带动远城区、周边城市乃至整个湖北经济的发展，进而推动长江中游城市群整体城市化水平的提高。对武汉市城市化水平进行现状评价，明确城市化的制约因素，就显得尤为重要。

2.2.1　评价方法与指标选取

城市化水平的测度主要有单一指标法和复合指标法，相比单一指标法而言复合指标法具有全面性和系统性，因而本研究对武汉市 2001—2011 年城市化水平的测度采用复合指标体系，并参考国内其他城市的研究成果，结合武汉当前发展的实际情况，并听取相关环保专家的参考意见，采用层次分析法建立武汉市城市化水平综合评价体系。采用层次分析法，从人口、经济、社会、土地利用、生态环境 5 个子系统建立武汉市城市化水平综合评价体系，再采用线性加权法得出武汉城市化水平的综合值。评价方法的基本思路如图 2-1 所示。

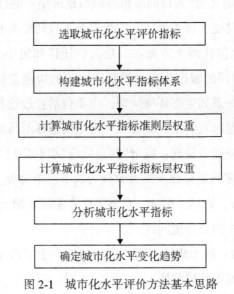

图 2-1　城市化水平评价方法基本思路

2.2.1.1　指标选取

城市化通过经济发展、能源消耗、人口增长等因素对生态环境产生胁迫作用，同时生态环境通过对生活环境、生产适宜性、资源承载力的限制等对城市化的发展产生约束作用。因此城市化选取的指标要能很好地反映二者之间的胁迫约束关系，同时也要能很好地反映各自系统内部的关系。因此，指标的选取应该遵循以下原则：

(1)选取的指标要能反映城市化与生态环境的胁迫约束特征，具有互动性和关联性；

(2)选取的指标要能概括说明城市化发展情况，层次结构清晰，具有针对性与系统性；

(3)城市化与生态环境彼此之间是动态发展过程，选取的指标要能动态地反映二者之间的关系，具有发展性和阶段性。

根据上述选取原则，城市化发展水平从人口、经济、社会、土地利用及生态环境建设五个指标体系来选取，指标数据的来源主要为武汉市历年统计年鉴(2001—2019年)、武汉市历年国民经济和社会发展公报(2001—2019年)及武汉市历年环境状况公报(2001—2019年)等相关公开数据。

2.2.1.2 指标体系构建

为了分析2001年以来武汉城市化水平趋势及其特征，运用复合指标法，从人口、经济、社会、土地利用及生态环境五个方面选取24项指标构建以城市化水平为评价目标的城市化测度指标体系，运用层次分析法确定各层指标权重(黎海林等，2012)，指标如表2-1所示。

表 2-1 武汉城市化水平指标体系

序号	指标体系		单位
X_1	人口	人口密度	人/km²
X_2		非农业人口占全市总人口比重	%
X_3		第二、三产业从业人口占就业总人口比重	%
X_4	经济	人均 GDP	元
X_5		第二、三产业产值占全市 GDP 比重	%
X_6		城市居民月可支配收入	元
X_7		水利、环境和公共设施管理业投资额	万元
X_8		平均每万元总产值能源消费量	吨标煤/万元
X_9	社会	全社会用电量	万 kWh
X_{10}		供水总量	万吨
X_{11}		人均日生活供水量	L/人
X_{12}		天然气供气总量	万 m³
X_{13}		每万人拥有公交车辆数	辆/万人

续表

序号	指 标 体 系			单位
X$_{14}$		人均道路面积		km^2/人
X$_{15}$	土地利用	建成区面积		km^2
X$_{16}$		建成区绿化覆盖率		%
X$_{17}$		城市居民人均住宅建筑面积		m^2/人
X$_{18}$		地表水资源量		亿 m^3
X$_{19}$		废水排放总量		万吨
X$_{20}$		COD 排放量		万吨
X$_{21}$	生态环境	氨氮排放量		万吨
X$_{22}$		污水处理率		%
X$_{23}$		废气排放总量		亿标 m^3
X$_{24}$		工业固体废弃物产生量		万吨

2.2.2　城市化指标权重计算

根据表 2-1 所选取的 24 项指标，分别对数据进行标准化处理，然后构建比较矩阵，计算得出各指标的相应权重。

2.2.2.1　数据的标准化处理

对各评价指标的原始数据进行标准化处理，具体处理方法如下：

限制类指标：$X'_j = (X_{j\max} - X_j)/(X_{j\max} - X_{j\min})$

发展类指标：$X'_j = (X_j - X_{j\min})/(X_{j\max} - X_{j\min})$

式中：X'_j 为 X_j 的标准化值；

X_j 为第 j 指标的原始数据值；

$X_{j\min}$ 为第 j 指标的最小值；

$X_{j\max}$ 为第 j 指标的最大值。

限制类指标包括平均每万元工业总产值能源消费量(X_8)、废水排放总量(X_{19})、COD排放量(X_{20})、氨氮排放量(X_{21})、废气排放总量(X_{23})、工业固体废弃物产生量(X_{24})，其余均为发展类指标。武汉市城市化水平评估 24 项指标原始数据值和相应的标准化值分别见表 2-2 和表 2-3(数据来源于武汉市历年统计年鉴(2001—2019 年)、武汉市历年国民经济和社会发展公报(2001—2019 年)及武汉市历年环境状况公报(2001—2019 年)等)。

表2-2　武汉市城市化指标体系原始数据值 x_j（注：2003 年 X_{15} 因数据缺失，取 2002 年和 2004 年数据的平均值；指标单位见表 2-1）

指标	2001	2002	2003	2004	2005	2006	2007	2008	2009	2010	2011
X_1	893	904	920	925	943	964	975	981	984	985	1180
X_2	59.2	59.8	60.8	61.7	62.8	63.4	63.8	64.5	65.0	65.1	66.1
X_3	77.7	78.9	79.8	80.4	80.9	80.6	81.2	82.6	86.4	86.8	87.0
X_4	16515	17971	19569	23148	26548	30921	36347	46035	51144	58961	68315
X_5	93.7	93.9	94.3	94.7	95.1	95.5	95.9	96.3	96.8	96.9	97.1
X_6	608.75	651.69	710.38	797.00	904.14	1030.00	1196.47	1392.70	1532.08	1733.86	1978.17
X_7	237529	235527	609054	872210	1214367	1499911	2714760	3048218	4639341	6234356	5769431
X_8	1.15	1.35	0.82	0.94	0.81	0.79	0.63	0.45	0.34	0.29	0.27
X_9	1524125	1587842	1788280	1855802	2108743	2308126	2586728	2864338	3102749	3536311	3836469
X_{10}	90654	73763	74986	76466	96096	92921	94203	96595	97612	100072	108803
X_{11}	281.3	353.6	388.09	389.89	362.03	310.03	311.63	317.61	320.06	327.67	366.34
X_{12}	13900	9746	10218	10822	8234	18020	28469	40859	56489	78444	118600
X_{13}	15.60	13.00	13.75	13.89	12.46	16.85	16.65	15.30	15.41	15.50	15.51
X_{14}	4.1	7.8	8.38	9.40	9.21	9.55	9.27	9.75	11.05	11.37	11.60
X_{15}	210.88	221.76	307.56	393.36	425.03	440.50	450.77	460.77	475.00	500.00	507.04
X_{16}	33.57	34.16	34.92	36.02	37.60	37.78	37.35	37.48	37.46	37.17	37.54
X_{17}	20.39	22.16	23.93	24.25	25.5	26.86	28.25	29.28	30.88	31.85	32.71
X_{18}	22.96	55.21	46.44	51.33	33.95	19.38	29.87	36.89	32.73	73.23	23.48
X_{19}	68456.38	71189.72	72026.27	72144.7	65665.27	65746.34	66283.2	78858.8	78435.06	78376.66	76581.9
X_{20}	64760	55190.69	42115.34	30793.92	27877.55	163300	156535	151610	149000	145100	168100
X_{21}	1628	1731.96	1734.86	654.79	1484.88	15100	1282.77	873.54	1204.90	1299.06	19400
X_{22}	21.40	21.40	21.40	21.40	37.00	34.49	76.00	80.91	84.13	92.02	92.20
X_{23}	1950.13	2234.91	2374.93	2489.42	2567.36	3060.35	3049.92	4014.7	4299.87	4720.80	6359.95
X_{24}	530.34	640.81	688.82	749.68	847.29	954.31	922.48	1094.49	1215.05	1324.84	1379.65

第 2 章 城市化对湖泊水环境的影响研究

续表

指标 年份（年）	2012	2013	2014	2015	2016	2017	2018	2019
X_1	1191	1203	1206	1238	1256	1271	1293	1308
X_2	67.5	67.6	67.6	70.6	71.7	72.6	73.2	73.7
X_3	87.9	90.3	90.9	90.9	91	91.2	91.8	92
X_4	76986	86014	97538	100714	107902	120880	135877	145545
X_5	96.6	96.7	97	97.1	97	97.3	97.6	97.6
X_6	2255.08	2485.1	2772.5	3036.33	3311.42	3617.08	3946.58	4308.83
X_7	5671387	6428734	6367638	8088082	8097604	11129549	12064431	12945134
X_8	0.23	0.21	0.2	0.18	0.17	0.15	0.16	0.17
X_9	4032605	4372338	4452202	4642788	4913201	5193651	5803400	6154600
X_{10}	110785	115473	120455	126234	132833	142053	149800	152838
X_{11}	360.65	362.14	353.14	332.06	292.89	293.58	303.75	313.1
X_{12}	120031	140000	147000	152000	180000	190000	212021.99	26164.68
X_{13}	14.2	13.9	16.2	13.8	13.5	13.4	13.7	13.5
X_{14}	14.4	13.3	10.8	14.82	14.39	13.51	13.16	13.22
X_{15}	520.3	534.28	552.61	552.61	713.6	713.6	713.6	812.39
X_{16}	38.19	38.2	39.21	39.65	39.65	39.55	39.46	40.02
X_{17}	33.5	34.75	35.78	37.25	32.47	35.18	37.58	36
X_{18}	44.89	37.54	35.8	54.47	96.82	35.98	31.7	26.34
X_{19}	82242.7	85401.81	79245	83243	89110	97517	107466	122366.8
X_{20}	159100	148300	139800	137500	133100	129000	125000	121400
X_{21}	18600	17900	16800	16590	16080	15600	15100	14700
X_{22}	92.2	92.2	92.2	92.2	95.6	95.6	95.6	95.6
X_{23}	6027.81	5641.77	5873.2	6011.05	6770.49	6834.21	6909.4	6909.4
X_{24}	1381.21	1381.55	1400.47	1334.23	1308.6	1359.62	1454.5	1511.83

40

表2-3 武汉市城市化指标体系原始数据标准化值 x_j（归一化数据，无量纲）

指标＼年份（年）	2001	2002	2003	2004	2005	2006	2007	2008	2009	2010	2011
X_1	0.000	0.038	0.094	0.111	0.174	0.247	0.286	0.307	0.317	0.321	1.000
X_2	0.000	0.087	0.232	0.362	0.522	0.609	0.667	0.768	0.841	0.855	1.000
X_3	0.000	0.129	0.226	0.290	0.344	0.312	0.376	0.527	0.9355	0.978	1.000
X_4	0.000	0.028	0.059	0.128	0.194	0.278	0.383	0.570	0.669	0.819	1.000
X_5	0.000	0.059	0.176	0.294	0.412	0.529	0.647	0.765	0.912	0.941	1.000
X_6	0.000	0.031	0.074	0.137	0.216	0.308	0.429	0.572	0.674	0.822	1.000
X_7	0.001	0.000	0.062	0.106	0.163	0.211	0.413	0.469	0.734	1.000	0.922
X_8	0.185	0.000	0.491	0.380	0.500	0.519	0.667	0.833	0.935	0.981	1.000
X_9	0.000	0.028	0.114	0.143	0.253	0.339	0.460	0.580	0.683	0.870	1.000
X_{10}	0.482	0.000	0.035	0.077	0.637	0.547	0.583	0.652	0.681	0.751	1.000
X_{11}	0.000	0.850	1.256	1.277	0.949	0.338	0.357	0.427	0.456	0.545	1.000
X_{12}	0.051	0.014	0.018	0.023	0.000	0.089	0.183	0.296	0.437	0.636	1.000
X_{13}	0.715	0.123	0.294	0.326	0.000	1.000	0.954	0.647	0.672	0.692	0.695
X_{14}	0.000	0.493	0.571	0.707	0.681	0.727	0.689	0.753	0.927	0.969	1.000
X_{15}	0.000	0.037	0.326	0.616	0.723	0.775	0.810	0.844	0.892	0.976	1.000
X_{16}	0.000	0.140	0.321	0.582	0.957	1.000	0.898	0.929	0.924	0.855	0.943
X_{17}	0.000	0.144	0.287	0.313	0.415	0.525	0.638	0.722	0.851	0.930	1.000
X_{18}	0.066	0.665	0.503	0.593	0.271	0.000	0.195	0.325	0.248	1.000	0.076
X_{19}	0.788	0.581	0.518	0.509	1.000	0.994	0.953	0.000	0.032	0.037	0.173
X_{20}	0.737	0.805	0.898	0.979	1.000	0.034	0.082	0.118	0.136	0.164	0.000
X_{21}	0.948	0.943	0.942	1.000	0.956	0.229	0.966	0.988	0.971	0.966	0.000
X_{22}	0.000	0.000	0.000	0.000	0.220	0.185	0.771	0.841	0.886	0.997	1.000
X_{23}	1.000	0.935	0.904	0.878	0.860	0.748	0.751	0.532	0.467	0.372	0.000
X_{24}	1.000	0.870	0.813	0.742	0.627	0.501	0.538	0.336	0.194	0.065	0.000

续表

指标\年份(年)	2012	2013	2014	2015	2016	2017	2018	2019
X_1	0.000	0.103	0.128	0.402	0.556	0.684	0.872	1.000
X_2	0.000	0.016	0.016	0.500	0.677	0.823	0.919	1.000
X_3	0.000	0.585	0.732	0.732	0.756	0.805	0.951	1.000
X_4	0.000	0.132	0.300	0.346	0.451	0.640	0.859	1.000
X_5	0.000	0.100	0.400	0.500	0.400	0.700	1.000	1.000
X_6	0.000	0.112	0.252	0.380	0.514	0.663	0.824	1.000
X_7	0.000	0.104	0.096	0.332	0.334	0.750	0.879	1.000
X_8	0.000	0.250	0.375	0.625	0.750	1.000	0.875	0.750
X_9	0.000	0.160	0.198	0.288	0.415	0.547	0.835	1.000
X_{10}	0.000	0.112	0.230	0.367	0.524	0.744	0.928	1.000
X_{11}	0.979	1.000	0.870	0.566	0.000	0.010	0.157	0.292
X_{12}	0.505	0.613	0.650	0.677	0.828	0.882	1.000	0.000
X_{13}	0.286	0.179	1.000	0.143	0.036	0.000	0.107	0.036
X_{14}	0.896	0.622	0.000	1.000	0.893	0.674	0.587	0.602
X_{15}	0.000	0.048	0.111	0.111	0.662	0.662	0.662	1.000
X_{16}	0.000	0.006	0.557	0.798	0.798	0.743	0.694	1.000
X_{17}	0.202	0.446	0.648	0.935	0.000	0.530	1.000	0.691
X_{18}	0.263	0.159	0.134	0.399	1.000	0.137	0.076	0.000
X_{19}	0.931	0.857	1.000	0.907	0.771	0.576	0.346	0.000
X_{20}	0.000	0.287	0.512	0.573	0.690	0.798	0.905	1.000
X_{21}	0.000	0.180	0.462	0.515	0.646	0.769	0.897	1.000
X_{22}	0.000	0.000	0.000	0.000	1.000	1.000	1.000	1.000
X_{23}	0.696	1.000	0.817	0.709	0.110	0.059	0.000	0.000
X_{24}	0.643	0.641	0.548	0.874	1.000	0.749	0.282	0.000

2.2.2.2 权重的确定

美国著名的运筹学家 Saaty 在 20 世纪 70 年代提出了一种实用的决策方法——层次分析法，该方法采用数字标度的形式，将定量与定性相结合，将人的主观判断用数量形式表达和处理，提高了决策的有效性、可靠性和可行性。层次分析法（AHP）的关键步骤在于通过方案之间的两两比较获得方案之间相对重要的自然语言描述，根据给定的数字标度，将专家的语言描述转化为数字描述获得相应的判断矩阵，若判断矩阵具有满意的一致性，则认为专家判断结果是合理的。数字标度一般为 1~9 标度，但是 1~9 标度的内在逻辑关系存在不合理性，而 10/10~18/2 比率标度的性能最好。本报告利用 10/10~18/2 比率标度法，依据人口、经济、社会、土地利用及生态环境 5 个准则层彼此的重要性构建比较矩阵，确定其权重，然后再分别对各具体指标的相对重要性进行判断，最终确定各指标的相应权重（骆正清等，2004），见表 2-4。

表 2-4　　　　　　　　　　　10/10~18/2 比率标度法标度取值

标度法	同样重要	微小重要	稍微重要	更为重要	明显重要	十分重要	强烈重要	更强烈重要	极端重要
10/10~ 18/2 标度	10/10 (1)	11/9 (1.222)	12/8 (1.500)	13/7 (1.857)	14/6 (2.333)	15/5 (3.000)	16/4 (4.000)	17/3 (5.667)	18/2 (9)

1. 准则层权重

1）构造比较矩阵

城市化指标包括人口城市化 B_1、经济城市化 B_2、社会城市化 B_3、土地利用城市化 B_4 和生态环境城市化 B_5，经过专家评分判断后认为各指标的重要性依次为 $B_1 = B_2 > B_3 = B_5 > B_4$，所以根据 10/10~18/2 比率标度法具体比值所构建的比较矩阵如下：

$$A = (a_{ij}) = \begin{array}{c|ccccc} B & B_1 & B_2 & B_3 & B_4 & B_5 \\ \hline B_1 & 1.000 & 1.000 & 1.222 & 1.500 & 1.222 \\ B_2 & 1.000 & 1.000 & 1.222 & 1.500 & 1.222 \\ B_3 & 0.818 & 0.818 & 1.000 & 1.222 & 1.000 \\ B_4 & 0.667 & 0.667 & 0.818 & 1.000 & 0.818 \\ B_5 & 0.818 & 0.818 & 1.000 & 1.222 & 1.000 \end{array}$$

2)计算权重

对判断矩阵 A 求最大正特征根，通过求解可获得排序值，归一化后得到各指标的权重。计算过程如下，现有矩阵 A：

$$A = \begin{vmatrix} 1.000 & 1.000 & 1.222 & 1.500 & 1.222 \\ 1.000 & 1.000 & 1.222 & 1.500 & 1.222 \\ 0.818 & 0.818 & 1.000 & 1.222 & 1.000 \\ 0.667 & 0.667 & 0.818 & 1.000 & 0.818 \\ 0.818 & 0.818 & 1.000 & 1.222 & 1.000 \end{vmatrix}$$

(1)将矩阵 A 按列归一化：

$b_{ij} = a_{ij} \Big/ \sum\limits_{i=1}^{n} a_{ij}$，即得到如下矩阵 B：

$$B = \begin{vmatrix} 0.232 & 0.232 & 0.232 & 0.233 & 0.232 \\ 0.232 & 0.232 & 0.232 & 0.233 & 0.232 \\ 0.190 & 0.190 & 0.190 & 0.189 & 0.190 \\ 0.155 & 0.155 & 0.156 & 0.155 & 0.156 \\ 0.190 & 0.190 & 0.190 & 0.189 & 0.190 \end{vmatrix}$$

(2)按行求和：

$v_i = a_{ij} \Big/ \sum\limits_{j=1}^{5} b_{ij}$，即得到行列式 V：

$$V = \begin{vmatrix} 1.162 \\ 1.162 \\ 0.950 \\ 0.776 \\ 0.950 \end{vmatrix}$$

(3)归一化处理：

$w_i = v_i \Big/ \sum\limits_{i=1}^{5} v_i$，得到行列式如下：

$$W = \begin{vmatrix} 0.232 \\ 0.232 \\ 0.190 \\ 0.156 \\ 0.190 \end{vmatrix}$$

（4）确定权重：

通过行列式 W 得到各项准则层权重，见表 2-5。

表 2-5 城市化水平各项准则层权重

序号	准 则 层	权重
1	人口城市化 B_1	0.232
2	经济城市化 B_2	0.232
3	社会城市化 B_3	0.190
4	土地利用城市化 B_4	0.156
5	生态环境城市化 B_5	0.190

（5）一致性（相容性）检验：

计算一致性比率 $C.R. = \dfrac{C.I.}{R.I.}$；当 $C.R.<0.1$ 时，可接受一致性检验，否则将对判断矩阵进行修正。

平均随机一致性指标 R.I.是多次（500 次）以上重复进行随机判断矩阵特征的计算后取算术平均数而得到的，其中 R.I.取值见表 2-6。

表 2-6 平均随机一致性指标 R.I.

n	1	2	3	4	5	6	7	8	9	10	11
R.I.	0	0	0.52	0.89	1.12	1.25	1.35	1.42	1.46	1.49	1.51

根据 $C.I. = \dfrac{\lambda_{max} - n}{n-1}$，$\lambda_{max} = \dfrac{1}{n}\sum_i \dfrac{(AW)_i}{W_i}$，其中：

$$AW = \begin{vmatrix} 1.1619 \\ 1.1619 \\ 0.9500 \\ 0.7760 \\ 0.9501 \end{vmatrix}$$

$$\lambda_{max} = \frac{1}{n}\sum_i \frac{(AW)_i}{W_i} = \frac{1}{5}\left(\frac{1.1619}{0.232} + \frac{1.1619}{0.232} + \frac{0.9500}{0.190} + \frac{0.7760}{0.156} + \frac{0.9501}{0.190}\right) = 5.000003$$

$$C.I. = (\lambda_{max} - n)/(n - 1) = \frac{5.000003 - 5}{5 - 1} = 0.00000075$$

$n = 5$，查表得，$R.I. = 1.12$

所以，$C.R. = \dfrac{C.I.}{R.I.} = \dfrac{0.00000075}{1.12} = 0.00000067 < 0.1$

根据一致性比率 C.R. 得到比较矩阵 A 具有一致性，通过检验。

2. 指标层权重

人口、经济、社会、土地利用和生态环境城市化各指标层的权重计算过程与准则层权重计算完全相同，得出各指标层的权重值，具体见表 2-7~表 2-11。

表 2-7　　　　　　　　　　　人口城市化各项指标层权重

序号	指　标　层	权重
1	人口密度	0.269
2	非农业人口占全市总人口比重	0.402
3	第二、三产业从业人口占就业总人口比重	0.329

表 2-8　　　　　　　　　　　经济城市化各项指标层权重

序号	指　标　层	权重
1	人均 GDP	0.232
2	第二、三产业产值占全市 GDP 比重	0.232
3	城市居民月可支配收入	0.190
4	水利、环境和公共设施管理业投资额	0.190
5	平均每万元工业总产值能源消费量	0.156

表 2-9　　　　　　　　　　　社会城市化各项指标层权重

序号	指　标　层	权重
1	全社会用电量	0.243
2	供水总量	0.198
3	人均生活供水量	0.198
4	供气量	0.198
5	每万人拥有公交车辆数	0.163

表 2-10   土地利用城市化各项指标层权重

序号	指 标 层	权重
1	人均道路面积	0.259
2	建成区面积	0.317
3	建成区绿化覆盖率	0.212
4	城市居民人均住宅建筑面积	0.212

表 2-11   生态环境城市化各项指标层权重

序号	指 标 层	权重
1	水资源总量	0.167
2	废水排放总量	0.206
3	COD 排放量	0.135
4	氨氮排放量	0.135
5	污水处理率	0.135
6	废气排放总量	0.111
7	工业固体废弃物产生量	0.111

经过上述计算，武汉市城市化水平选取的准则层和指标层均通过一致性检验，分别得到相应的权重，具体见表 2-12。

表 2-12   武汉市城市化各准则层和指标层权重汇总表

序号	城市化水平指标		权重
X_1	人口城市化 （0.232）	人口密度	0.269
X_2		非农业人口占全市总人口比重	0.402
X_3		第二、三产业从业人口占就业总人口比重	0.329
X_4	经济城市化 （0.232）	人均 GDP	0.232
X_5		第二、三产业产值占全市 GDP 比重	0.232
X_6		城市居民月可支配收入	0.190
X_7		水利、环境和公共设施管理业投资额	0.190
X_8		平均每万元工业总产值能源消费量	0.156

续表

序号	城市化水平指标		权重
X_9	社会城市化 (0.190)	全社会用电量	0.243
X_{10}		供水总量	0.198
X_{11}		人均生活供水量	0.198
X_{12}		供气量	0.198
X_{13}		每万人拥有公交车辆数	0.163
X_{14}	土地利用城市化 (0.156)	人均道路面积	0.259
X_{15}		建成区面积	0.317
X_{16}		建成区绿化覆盖率	0.212
X_{17}		城市居民人均住宅建筑面积	0.212
X_{18}	生态环境城市化 (0.190)	水资源总量	0.167
X_{19}		废水排放总量	0.206
X_{20}		COD 排放量	0.135
X_{21}		氨氮排放量	0.135
X_{22}		污水处理率	0.135
X_{23}		废气排放总量	0.111
X_{24}		工业固体废弃物产生量	0.111

2.2.3　城市化指标分析

根据表 2-3 和表 2-11 中的数据，采用线性加权和法评价武汉市城市化水平，计算公式为：

$$F = \sum_{i, j=1}^{n} X_j W_i S_i$$

式中：F 为武汉市城市化发展水平的综合评价指数；

X_j 为武汉市第 j 项准则层的权重；

W_i 为武汉市第 i 项指标层的权重；

S_i 为武汉市第 i 项指标标准化处理得出的武汉市城市化水平指标值，具体计算结果见表 2-13。

表2-13　武汉市城市化水平指标值及历年综合值（归一化数据，无量纲）

指标＼年份（年）	2001	2002	2003	2004	2005	2006	2007	2008	2009	2010	2011
X_1	0.000	0.002	0.006	0.007	0.011	0.015	0.018	0.021	0.02	0.02	0.022
X_2	0.000	0.008	0.022	0.034	0.049	0.057	0.062	0.072	0.073	0.08	0.073
X_3	0.000	0.010	0.017	0.022	0.026	0.024	0.029	0.04	0.045	0.035	0.036
X_4	0.000	0.002	0.003	0.007	0.010	0.015	0.021	0.031	0.031	0.024	0.024
X_5	0.000	0.003	0.009	0.016	0.022	0.028	0.035	0.041	0.038	0.051	0.050
X_6	0.000	0.001	0.003	0.006	0.010	0.014	0.019	0.025	0.03	0.031	0.034
X_7	0.000	0.000	0.003	0.005	0.007	0.009	0.018	0.021	0.032	0.034	0.041
X_8	0.007	0.000	0.018	0.014	0.018	0.019	0.024	0.03	0.031	0.030	0.026
X_9	0.000	0.001	0.005	0.007	0.012	0.016	0.021	0.027	0.019	0.02	0.0219
X_{10}	0.018	0.000	0.001	0.003	0.024	0.021	0.022	0.025	0.02	0.028	0.032
X_{11}	0.000	0.032	0.047	0.048	0.036	0.013	0.013	0.016	0.011	0.021	0.020
X_{12}	0.002	0.001	0.001	0.001	0.000	0.003	0.007	0.011	0.010	0.014	0.011
X_{13}	0.022	0.004	0.009	0.010	0.000	0.031	0.030	0.02	0.021	0.03	0.02
X_{14}	0.000	0.000	0.023	0.029	0.028	0.029	0.028	0.03	0.03	0.020	0.022
X_{15}	0.000	0.000	0.016	0.030	0.036	0.038	0.040	0.042	0.041	0.035	0.031
X_{16}	0.000	0.000	0.011	0.019	0.032	0.033	0.030	0.031	0.031	0.024	0.021
X_{17}	0.000	0.005	0.009	0.010	0.014	0.017	0.021	0.024	0.024	0.021	0.023
X_{18}	0.002	0.002	0.016	0.019	0.009	0.000	0.006	0.01	0.012	0.010	0.011
X_{19}	0.031	0.031	0.020	0.020	0.039	0.039	0.037	0	0.001	0.001	0.002
X_{20}	0.019	0.019	0.023	0.025	0.026	0.001	0.002	0.003	0.003	0.002	0.002
X_{21}	0.024	0.024	0.024	0.026	0.025	0.006	0.025	0.026	0.024	0.020	0.023
X_{22}	0.000	0.000	0.000	0.000	0.006	0.005	0.020	0.022	0.023	0.024	0.022
X_{23}	0.021	0.021	0.019	0.019	0.018	0.016	0.016	0.015	0.016	0.008	0.009
X_{24}	0.021	0.021	0.017	0.016	0.013	0.011	0.011	0.0086	0.004	0.001	0.001
合计	0.167	0.187	0.322	0.393	0.471	0.460	0.555	0.591	0.590	0.584	0.577

续表

指标＼年份（年）	2012	2013	2014	2015	2016	2017	2018	2019
X_1	0.02	0.006	0.008	0.025	0.035	0.043	0.054	0.062
X_2	0.061	0.042	0.038	0.047	0.063	0.077	0.086	0.093
X_3	0.036	0.035	0.056	0.058	0.058	0.061	0.073	0.076
X_4	0.012	0.011	0.016	0.019	0.024	0.034	0.046	0.054
X_5	0.030	0.0305	0.032	0.034	0.022	0.038	0.054	0.054
X_6	0.034	0.035	0.031	0.027	0.023	0.029	0.036	0.044
X_7	0.041	0.045	0.034	0.015	0.015	0.033	0.039	0.044
X_8	0.026	0.021	0.024	0.023	0.027	0.036	0.032	0.027
X_9	0.0119	0.017	0.019	0.023	0.019	0.025	0.039	0.046
X_{10}	0.028	0.031	0.039	0.034	0.020	0.028	0.035	0.038
X_{11}	0.037	0.033	0.033	0.031	0.000	0.000	0.006	0.011
X_{12}	0.019	0.023	0.024	0.025	0.031	0.033	0.038	0.000
X_{13}	0.009	0.006	0.016	0.018	0.001	0.000	0.003	0.001
X_{14}	0.036	0.038	0.038	0.041	0.036	0.027	0.024	0.024
X_{15}	0.032	0.042	0.043	0.045	0.033	0.033	0.033	0.049
X_{16}	0.021	0.022	0.018	0.026	0.026	0.025	0.023	0.033
X_{17}	0.007	0.015	0.021	0.031	0.000	0.018	0.033	0.023
X_{18}	0.008	0.009	0.004	0.013	0.032	0.004	0.002	0.000
X_{19}	0.036	0.034	0.039	0.032	0.030	0.023	0.014	0.000
X_{20}	0.002	0.007	0.013	0.015	0.018	0.020	0.023	0.026
X_{21}	0.021	0.025	0.012	0.013	0.017	0.020	0.023	0.026
X_{22}	0.020	0.022	0.020	0.020	0.026	0.026	0.026	0.026
X_{23}	0.015	0.021	0.017	0.015	0.002	0.001	0.000	0.000
X_{24}	0.014	0.014	0.012	0.018	0.021	0.016	0.006	0.000
合计	0.577	0.585	0.607	0.648	0.577	0.650	0.746	0.757

　　根据表 2-13 中武汉市城市化水平历年综合值，并采用线性拟合得出武汉市从 2001 年到 2019 年的城市化发展曲线，见图 2-2。

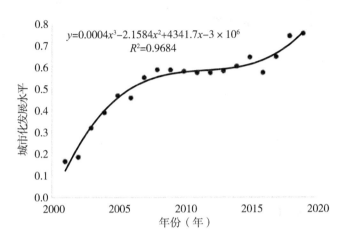

$$y=0.0004x^3-2.1584x^2+4341.7x-3\times10^6$$
$$R^2=0.9684$$

图 2-2　2001—2019 年武汉市城市化水平变化趋势

　　由图 2-2 可知，武汉市的城市化水平从 2001 年的 0.167 上升至 2019 年的 0.757，平均增长率为 3.11%，城市化水平呈现稳步上升趋势。武汉市城市化大致分为三个发展时期：2001—2007 年进入城市化高速发展期，之前武汉市城市化水平较低，随着时间的推移，武汉作为中部特大型城市，具有明显的区位优势，城市化水平快速提高，城市化综合值也逐年增加；2008—2014 年处于城市化发展平台期，因生态环境恶化、城市基础设施建设欠账太多等因素导致城市化发展趋缓；随着城市基础设施建设不断完善，城市管理技术和水平的提升，2015 年之后武汉市城市化再次进入快速发展期。武汉市正逐步向"中国中部中心城市"这个目标发展，但同时对生态环境的负面影响也逐渐显现，势必阻碍城市化水平的进一步提升。

2.3　武汉市湖泊水质变化

　　通过武汉市历年环境状况公报（2001—2019 年），选取已划定功能区类别湖泊水质达标率作为水质变化的指标，武汉市湖泊水质达标率总体呈现上升趋势，具体湖泊水质达标率趋势见图 2-3。

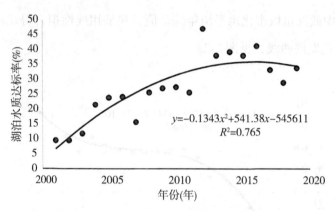

图 2-3　2001—2019 年武汉市湖泊水质变化趋势

2.4　城市化发展与湖泊水质变化关系

城市湖泊生态环境的变化与该湖泊所处城市发展进程即城市化进程关系密切，二者之间是相互作用、相互影响、相互制约的非线性关系。从各个城市的发展历程来看，这种耦合作用主要表现在两个方面：一是通过人口扩张、经济发展、资源消耗和交通发达等城市化发展特征对生态环境产生胁迫；二是生态环境又通过人口限制、投资控制、政府干预和政策调整等措施对城市非持续性发展产生约束机制（刘耀彬等，2005）。

水环境与人类活动之间存在相互制约、相互作用的关系，城市化和水环境问题也相应地成为环境问题研究的热点。本章就此开展了城市化水平与湖泊水质之间关系的研究。

2.4.1　人均 GDP 与城市化水平

人均 GDP 是一个地区城市化发展的重要表现，通过曲线拟合可以从中发现人均 GDP 与城市化发展之间的关系。

武汉市历年城市化水平、人均 GDP、已划定功能区类别湖泊水质达标率见表 2-14。借助 Excel 进行多种曲线回归模型分析，结合各模型的参数估计值，最后选定使用对数函数作为分析武汉市城市化水平与人均 GDP 指标关系的数学模型，得出如下所示的对数曲线：

$$Y = 0.2023\ln x - 1.6722, \qquad R^2 = 0.8245$$

式中：Y 为城市化水平；

　　　　x 为人均 GDP（元）。

表 2-14　　　武汉市历年城市化水平、人均 GDP、水质综合污染系数统计表

年份(年)	城市化水平	人均 GDP(元)	已划定功能区类别 湖泊水质达标率(%)
2001	0.167	16501	9.5
2002	0.187	17927	9.5
2003	0.322	19538	11.8
2004	0.393	22378	21.5
2005	0.471	26567	23.9
2006	0.460	30801	24.2
2007	0.555	36068	15.7
2008	0.592	45466	25.7
2009	0.590	52481	27.1
2010	0.584	57805	27.5
2011	0.578	66512	25.7
2012	0.576	76986	47.1
2013	0.584	86014	38.1
2014	0.607	97538	39.3
2015	0.648	100714	38.1
2016	0.577	107902	41.3
2017	0.650	120880	33.3
2018	0.746	135877	29
2019	0.757	145545	33.9

　　从图 2-4 可以看出，武汉市城市化发展水平与人均 GDP 之间存在较高的关联度，其相关系数达到 0.8245，代表性强，拟合优度高。2001 年以来武汉市国民经济得到长足发展，极大地促进了城市化发展，同时高度城市化水平又有效地拉动了武汉市经济的快速发展，带动农村人口迁移，刺激居民消费，最终带动了国民经济的增长，所以可以看到城市化发展水平与人均 GDP 二者之间是相辅相成、互为促进的关系。

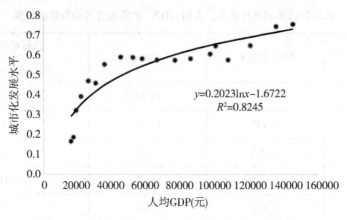

图 2-4　城市化发展水平与人均 GDP 的拟合对数曲线

2.4.2　人均 GDP 与湖泊水质达标率

根据前面的分析，人均 GDP 和城市化发展水平之间有着紧密的联系，所以通过研究人均 GDP 与湖泊生态环境之间的关系可以更加充实城市化与湖泊生态环境关系研究的内容。二者的关系采取"环境库兹涅茨曲线"进行分析，其中"环境库兹涅茨曲线"一般为：

$$Z = m - n(x - p)^2$$

式中：Z 为生态环境质量；

　　　　x 为人均 GDP（元/人）；

　　　　m、n、p 为相关系数（闫新华等，2009）。

通过对武汉市 2001—2019 年间人均 GDP 与已划定功能区类别湖泊水质达标率进行统计分析，借助 Excel 多种曲线回归模型，按照环境库兹涅茨曲线进行拟合，拟合曲线的结果如下：

$$Y = -4 \times 10^{-9}x^2 + 0.0007x + 0.3258, \quad R^2 = 0.7992$$

从图 2-5 中可以看出，从 2001 年到 2019 年，武汉市人均 GDP 与湖泊水质达标率关系完全符合环境库兹涅茨曲线，湖泊水质达标率拐点出现在武汉市人均 GDP 为 100000 元左右，即在 2014 年前后。2014 年以前湖泊环境恶化程度随经济的增长而加剧，2014 年以后随着社会经济的发展、环境意识的增强，保护湖泊生态环境的措施逐步实施，湖泊环境污染的进程逐渐减缓，环境质量逐渐得到好转，从而促使环境库兹涅茨曲线的峰值或曲线拐点的到来。

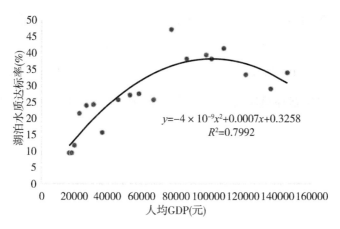

图 2-5 人均 GDP 与湖泊水质达标率的拟合 EKC 曲线

2.4.3 湖泊水质达标率与城市化

借助 Excel 软件多种曲线回归模型，采用 2001—2019 年间武汉市城市化与已划定功能区类别湖泊水质达标率的数据，按环境库兹涅茨曲线对城市化水平与湖泊水质达标率进行拟合，结果如下：

$$Y = -0.0006x^2 + 0.0447x - 0.1575, \quad R^2 = 0.7875$$

从图 2-6 可以看出，从 2001 年到 2019 年武汉市城市化发展水平与湖泊水质达标率拟合的环境库兹涅茨曲线尚未出现倒"U"形趋势。武汉市从 2001 年到 2014 年经济发展迅速，城市化发展水平显著提高，但与此同时，包括湖泊在内的城市水文环境也在不断恶化，并且随着经济的发展，城市生态环境日益严重，从而导致倒"U"形环境库兹涅茨曲线的左半

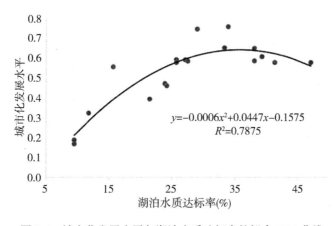

图 2-6 城市化发展水平与湖泊水质达标率的拟合 EKC 曲线

边部分的出现。在 2014 年以后，武汉市意识到生态环境问题的严峻性，出台了一系列地方性法规、政策和规划，同时大力实施"大东湖水网构建工程"等重大湖泊生态保护工程，不断加大湖泊保护力度和投资额度，并且还实行了主要湖泊"湖长制"等措施，这些都极大地促进了武汉市湖泊生态环境质量趋于改善，是最终形成曲线右边向下倾斜的根本原因（周新萌，2009）。

2.5　研究结论

针对武汉市城市化发展与湖泊生态环境之间关系的研究可知，武汉市水环境质量变化趋势与城市化发展进程密切相关，具体研究结论如下：

（1）2001—2019 年武汉市城市化水平呈现稳定上升趋势，正为努力建设"中国中部中心城市"而奋斗，城市的各项基础设施进一步得到完善。

（2）伴随武汉城市化进程的快速发展，武汉已划定功能区类别的湖泊水质达标率呈现先上升后下降的趋势。

（3）武汉市人均 GDP 与已划定功能区类别湖泊水质达标率，以及城市化发展水平与已划定功能区类别湖泊水质达标率的关系均符合环境库兹涅茨曲线，具有典型的倒"U"形变化趋势，且二者结论基本吻合，表明武汉市在 2014 年已划定功能区类别的湖泊水质达标率出现拐点。

第3章　实验研究方法

导读：本章以典型城市湖泊东湖和南湖为研究对象，将开展研究的样品采集（上覆水水样、沉积物样品）及处理方法、实验分析方法以及模拟实验条件进行了综合阐述。

3.1　样品采集及处理

3.1.1　湖泊水样

湖水采集点选择远离湖岸处，采样时使用 GPS 定位，记录湖水深度、取样点经纬度、气温、透明度等，使用便携式测定仪现场测定水温、pH 值、溶解氧等数据。使用聚乙烯采样器从湖中取水，用 10~50L 塑料壶灌装湖水水样，每采样点采集 2 个水样，带回实验室做进一步水质分析，塑料壶采集的湖水水样于 4℃ 条件下保存，作为后续实验补水。

3.1.2　湖泊底泥样

目前在湖泊底泥或沉积物采集和监测中，大多使用抓斗式底泥采样器采集表层底泥，甚至用塑料袋采集底泥，致使采集上来的底泥表层结构完全被破坏，难以恢复其自然状态，再进行底泥实验时与其自然条件已完全不同，实验结果难以反映真实状态。因此，为了较真实地反映底泥的污染状况，进行底泥采集时应尽量不对其表层结构进行扰动。目前国内无扰动采样器专利中，多是小口径采样管，难以满足实验室的底泥模拟实验的要求，而且装置结构复杂、实地安装和操作困难。国外现已可以采用大口径采样管进行底泥采集，但需派遣潜水员潜入水底实施对样品的采集工作，操作上也存在一定的难度（李文红等，2003）。

本实验采用一种结构简单、成本低廉、便于操作实施，在底泥和沉积物采集后，又能在不扰动底泥的前提下实施底泥模拟实验的采样实验一体化装置。该底泥采样实验一体化装置由本研究团队研制,已获得国家专利(沙茜等,200920086643),并在中美合作课题"武汉市污水管理水质模型监测采样分析"等多个研究项目中也得到了成功的应用。本装置集采样和实验于一体,是一种无扰动采样装置,结构简单,成本低廉,易于实地安装操作,采用直径12cm的大口径采样桶体,能减少因实验面积小所带来的误差。装置包括两个部件:

(1)该装置的实现至少需由钳夹架、操纵杆、箍圈、采样桶体、碟阀体、密封圈等组成,具体如图3-1(a)所示;

(2)该装置的实现是由上一部件采集到的底泥及采样桶体、底板、低速电机、上盖板等组成,具体如图3-1(b)所示。

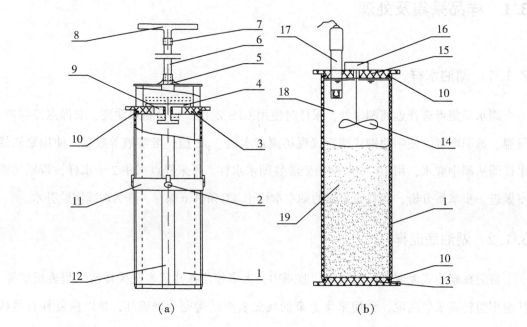

(a)   (b)

1—采样桶体;2—螺栓;3—碟阀体;4—阀门;5—钳夹架;6—操纵杆;7—连接头;8—手柄;

9—排水口;10—密封圈;11—箍圈;12—钳夹脚;13—底板;14—搅拌;15—上盖板;

16—低速电机;17—探测头;18—上覆水;19—底泥及沉积物

图3-1 底泥采样实验一体化装置结构示意图

在采集湖水的同一地点进行底泥采样,采样时采用GPS定位,现场对底泥的颜色、嗅味、底质总厚度、上覆水深度、取样点经纬度等数据进行记录。湖泊底泥使用"底泥采样、实验一体化装置（Φ120mm）"采集，每采样点采集 2 个柱状泥样，底泥采集深度 20~30cm，其中底泥与上覆水采集深度比例约 1∶2。样品采集后带回实验室，一份用于进行释放模拟实验；另一份用于进行原始底泥的分析，将原始柱状底泥按 5cm 间隔分层，共分 6 层：0~5cm、5~10cm、10~15cm、15~20cm、20~25cm、25~30cm，置于托盘中进行自然风干，采用四分法取样，使用玛瑙研钵研磨过 100 目尼龙筛备用。

3.1.3 底泥间隙水样

将实验前的柱状泥样按 5cm 间隔分层处理，取适量底泥于离心机中，在转速 4000r/min 下离心 30min，提取间隙水样分析测定。

3.2 实验分析

3.2.1 上覆水及间隙水分析方法

1. 上覆水分析方法

除现场测定的水质指标外，湖水还进行了以下水质指标的测定（商卫纯等，2007）：高锰酸盐指数（简称 COD_{Mn}）、总氮（简称 TN）、总磷（简称 TP）、溶解性总磷（简称 DTP）、氨氮（简称 NH_3-N）等，水样分析方法参照国家环境保护总局《水和废水监测分析方法》（中国环境科学出版社，2002），各项目分析方法及主要仪器设备如表 3-1 所示。

表 3-1　　　　　　　　　　水样分析方法及主要仪器设备一览

序号	项目	分析测定方法	主要仪器设备
1	pH	电极法（HJ 1147—2020）	PHBJ-260 便携式 pH 测定仪
2	DO	电化学探头法（HJ 506—2009）	LDOTM 便携式溶氧仪
3	COD_{Mn}	酸性法（GB 11892—89）	水浴锅、酸式滴定管
4	TN	气相分子吸收光谱法（HJ/T 199—2005）	GMA3202 气相分子吸收光谱仪

续表

序号	项目	分析测定方法	主要仪器设备
5	TP	钼酸铵分光光度法（GB 11893—89）	压力锅、分光光度计
6	NH_3-N	气相分子吸收光谱法 （HJ/T 199—2005）	GMA3202 气相分子吸收光谱仪
7	叶绿素 a	分光光度法（HJ 897—2017）	抽滤装置、紫外可见分光光度计 TU1810

2. 间隙水分析方法

将采集的新鲜柱状底泥样品按 5cm 间隔分层，共分 3 层：0～5cm、5～10cm、10～15cm，分层后取适量泥样放入离心机(4000r/min，30min)进行分离，分离出的间隙水按上覆水的测定方法测定 TN、TP。

3.2.2 底泥分析方法

1. 湖泊底泥中 TN 的分析方法

对于土壤 TN 的测定，选用凯氏定氮法消煮，并且用气相分子吸收光谱法测定。目前对土壤中 TN 量的测定大多采用经典的开氏消煮—半微量蒸馏—滴定法，但是此方法过程较为繁琐，研究团队对 TN 的测定方法进行了改进研究，采用气相分子吸收光谱法测定消煮液，主要是考虑到气相分子吸收光谱仪操作简单，并且灵敏度高等优点(表 3-2)。

表 3-2　　　　　　　底泥 TN、TP 分析方法及主要仪器设备一览

序号	项目	分析测定方法	主要仪器设备
1	TN	半微量开氏法—气相分子吸收光谱法	消煮仪、气相分子吸收光谱仪
2	TP	酸溶—钼锑抗比色法	消煮仪、分光光度计

称取风干土样(100 目过筛的)约 0.5g(精确到万分之一)，将土样送入干燥的消煮管底部，加入少量水(0.5～1mL)润湿样品。通过长颈漏斗加加速剂 2g 和浓硫酸 5mL，摇匀。小火加热(100℃)，待瓶内反应缓和时(10～15min)，加强火力(320℃)使消煮液保持微沸大约 1.5h。待消煮液和土粒全部变为黄色稍带绿色后，再继续消煮 1h(360℃)。消煮完

毕，冷却，待分析。在消煮土样的同时，做一份空白测定，除不加土样外，其余操作皆与测定土样相同。之后吸取适量消解液（氮量≤50μg）于50mL比色管中，加水至约30mL，加入1滴溴百里酚蓝指示剂，缓慢滴加40%氢氧化钠至溶液变蓝。加入15mL次溴酸盐氧化剂，加水稀释至标线，密塞，充分摇匀，在不低于18℃的室温下氧化20min，用气相分子吸收光谱仪测定。同时用水制备空白样。

2. 湖泊底泥中TP的测定方法

对于土壤TP，采取$HClO_4$-H_2SO_4消煮法，用磷钼蓝比色法进行测定（表3-2）。

准确称取通过100目筛子的风干土样约0.5g（精确到万分之一），置于消煮管中，以少量水湿润后，加浓硫酸8mL，摇匀，再加70%~72%高氯酸10滴，摇匀，瓶口上加一个小漏斗，置于消煮炉上加热（100℃）消煮20min。之后温度调至340℃煮40~60min。同时做一个空白试验。

将冷却后的消煮液转入100mL容量瓶定容，静置过夜，次日小心地吸取上层澄清液进行磷的测定；或者用定量滤纸过滤。

吸取一定量的澄清液或滤液，注入50mL比色管中，加水至30mL，加二硝基酚指示剂2滴，滴加4mol/L NaOH溶液直至溶液变为黄色，再加2mol/L硫酸（$1/2\ H_2SO_4$）1滴，使溶液的黄色刚刚褪去。然后加钼锑抗试剂5mL，再加水定容至50mL，摇匀，30min后用700nm波长进行比色，以空白液的透光率为100（或吸光度为0），读出测定液的透光度或吸收值。

3. 湖泊底泥中磷的分级提取方法

磷是自然界中最重要的营养（生物）元素之一。陆地风化过程中释放的磷，包括各种磷酸盐、溶解的磷酸钙和胶体磷酸钙等无机磷，其中一部分与难溶的矿物结合磷一起直接沉积，另一部分在水体的表层（真光层）被浮游植物摄取进入食物链中而成为有机磷，当生物体死亡和分解后，部分磷溶回水中，余者沉积于水底，构成磷在地表环境中的循环圈。

不同区域由于各种物理化学条件和生物环境的变化，对沉积物中磷的形态分布有很大的影响。因此，探讨沉积物中磷的存在形态，有助于获得沉积环境的有关信息，了解物质迁移、成岩过程以及磷和其他生物元素的循环。沉积物中磷以无机磷及有机磷两大类形式存在。沉积物中有机磷的组成结构、化学形态和性质由于研究手段的限制难于分离，目前仅分析与有机物结合的总磷；无机磷的存在形式还可以进一步分为易交换态或弱吸附态磷、铝结合磷、铁结合磷、钙结合磷、原生碎屑磷。

　　沉积物中磷的形态分布研究起始于土壤学家在农业研究上对土壤中磷的各种形态及有效性探讨，并总结出了较为成熟的分步提取和分析方法。近年来，随着生物地球化学研究的深入，地质学家和地球化学家将土壤中磷的分析方法引入沉积物中磷的研究并加以改进。但不同学者所采用的分析方法不尽相同并各有其局限性，导致其结果的片面性和不可比性。比如张守敬和 Jackson（Chang et al.，1957）在 1957 年提出了具有奠基意义的土壤中无机磷形态的分级方法，将土壤中的无机磷部分构成了一个比较完整的体系，方法经过许多人的修正和补充，直到 1966 年（Peterson et al.，1966）才基本定型。该方法的创新之处在于，第一，在这个分级体系中，铁结合磷与铝结合磷基本上达到了分离；第二，明确地提出了闭蓄态磷的概念，其实质是 Fe_2O_3 胶膜所包蔽的还原溶性磷酸铁以及磷酸铝。顾益初等（1990）提出了一种在前述方法上考虑钙结合磷研究结果的新的土壤无机磷分级方法，由于采用的提取方法的限制，这些研究的一个根本局限在于，未能区分原生碎屑磷和沉积环境中的自生磷，导致研究结果的环境地球化学意义不明显。Ruttenberg 在 1992 年（Ruttenberg，1992）首次提出了区分原生碎屑磷和自生钙结合磷的海洋沉积物中磷形态分离方法，并进行了详细的方法标准化试验。该方法的最大改进在于使沉积物中磷的分级适合于环境地球化学研究的实际要求，并立即被引用于相应的海洋地球化学研究当中。但是，Ruttenberg 的方法仅仅侧重于碎屑磷和自生磷的分离，对其他形态的磷未能进一步分离。

　　本研究采用李悦等人的七步提取法作为不同形态磷的分级提取方法（李悦等，1998），该方法综合上述几类方法的长处，给出一个比较系统完整的沉积物中不同形态磷的提取和分析方法。具体地说，以 Ruttenberg 的方法为基础，参考顾益初等（1990）的方法，增加铝结合磷和铁结合磷的提取步骤，并在 CDB（$Na_3Cit-Na_2S_2O_4-NaHCO_3$）提取步骤中增加 NaOH 提取闭蓄态的磷酸铝。经过初步应用，表明改进后的方法较好地解决了原有方法存在的各种问题。方法重点从 3 个方面加以完善，即：（1）区分原生碎屑磷和自生钙结合磷；（2）区分铝结合磷、铁结合磷、闭蓄态磷；（3）鉴于非农业研究的目的，将磷酸二钙、磷酸八钙、易溶性和弱吸附性磷一并提取。

　　交换态磷（Ex-P）：在 0.3g 底泥中加 30mL $MgCl_2$ 溶液（1mol/L，pH＝8）振荡（200r/min）提取 2h，以 5000r/min 离心 20min 获取提取液，小心倾倒上清液至 100mL 容量瓶中，在完全相同条件下再用 $MgCl_2$ 提取一次，离心后合并提取液，再用 30mL 去离子水同样提取 1h，合并提取液，加水定容。之后将提取液通过 0.45μm 滤膜抽滤，取适量的提取液直接用钼锑抗法测定磷浓度，同时做空白试验。

铝结合磷（Al-P）：Ex-P 提取后在残渣中加 30mL 0.5mol/L NH_4-F 溶液（pH=8.2）振荡（200r/min）1h，离心（约 5000r/min，20min）获取提取液，小心倾倒上清液至 100mL 容量瓶中。再以 30mL 去离子水提取 1h，离心后合并提取液，加入 10mL 1mol/L H_3BO_3 溶液和 10mL 1mol/L HCl 溶液，加水定容。之后将提取液通过 0.45μm 滤膜抽滤，取适量过滤后的液体直接用钼锑抗法测定，同时做空白试验。

铁结合磷（Fe-P）：Al-P 提取后在残渣中加入 30mL 0.1mol/L NaOH、0.5mol/L Na_2CO_3 混合提取液振荡提取（200r/min）4h，离心获取提取液，小心倾倒上清液至 100mL 容量瓶中。再以 30mL 去离子水提取 1h，合并提取液（共 60mL），加入 1ml 浓硫酸，加水定容到 100mL。之后将提取液通过 0.45μm 滤膜抽滤，取适量抽滤液直接用钼锑抗法测定提取液中磷浓度。同时做空白试验。

闭蓄态磷（Oc-P）：Fe-P 提取后在残渣中加入 24mL 柠檬酸钠溶液（0.3mol/L）、$NaHCO_3$ 溶液（1mol/L）配成的混合提取剂，之后加入 0.675g $Na_2S_2O_4$，搅拌 15min 后加入 6mL NaOH 溶液（0.5mol/L），振荡提取 8h，离心获取提取液，小心倾倒上清液至 100mL 容量瓶中。之后再以 30mL 去离子水漂洗提取 1h，合并提取液，加水定容。提取液通过 0.45μm 滤膜抽滤，取适量抽滤液通过硝酸-高氯酸消解后，再用钼锑抗法测定，同时做空白试验。

硝酸-高氯酸消解：首先取 10~25mL 抽滤液，加 2~3 粒玻璃珠，再加入 2mL 浓硝酸，在电热板或电炉上浓缩至 10mL，有些样品会出现乳白色，冷却后接着加入 5mL 浓硝酸，再将液体浓缩至 10mL，乳白色退去，液体清亮。待液体冷却后再加入 3mL 高氯酸，先将样品煮到将近干，再继续煮，待瓶中棕黄色消失，变成白色偏绿，之后变成白色偏黄，出现大量的烟，消煮液由黄转白，方才煮好。

自生钙磷（ACa-P）：Oc-P 提取后在残渣中加入 30mL 1mol/L NaAC-HAC 溶液（pH=4），振荡提取 6h，离心获取提取液，小心倾倒上清液至 100mL 容量瓶中。再以 30mL 1mol/L $MgCl_2$（pH=8）提取 2h，然后以 30mL 去离子水提取 1 次，合并提取液（共 90mL），加水定容到 100mL。将提取液通过 0.45μm 滤膜抽滤，取适量抽滤液用钼锑抗法直接测定提取液中磷浓度。同时做空白试验。

碎屑磷（De-P）：ACa-P 提取后在残渣中加入 30mL 1mol/L HCl 溶液振荡提取 16h，离心，小心倾倒上清液至 100mL 容量瓶中。再以去离子水漂洗残渣一次，合并提取液，加水定容到 100mL。将提取液通过 0.45μm 滤膜抽滤，取适量抽滤液用钼锑抗法直接测定提取液中磷浓度。同时做空白试验。

有机磷（Or-P）：De-P 提取后将残渣转移到瓷坩埚中，烘干，在马弗炉中 550℃ 灰化 2h，冷却后加入 30mL 1mol/L HCl 溶液振荡 16h，离心，小心倾倒上清液至 100mL 容量瓶中，加水定容。将提取液通过 0.45μm 滤膜抽滤，取适量抽滤液直接用钼锑抗法测定提取液中磷浓度。同时做空白试验。

3.3 释放模拟实验条件

底泥释放模拟实验用恒温箱来调节温度，用酸碱溶液来调节 pH 值，用充氧或充氮来调节溶解氧，使样筒保持在特定实验条件下。

使用便携式测定仪直接测定实验一体化装置内样品上覆水的温度、pH 值、DO，每次取样后加湖水至取样前上覆水的高度，并重新调节上覆水温度、pH 值、DO。

第4章 湖水、间隙水、底泥氮、磷交换过程研究

导读：2011—2012年多次分季节对东湖和南湖进行原位采样，分析不同季节采样湖泊的湖水、间隙水以及底泥中的氮磷含量，探寻不同季节氮、磷在各湖泊底泥-上覆水界面交换过程中的规律。

4.1 实验方案

采样及实验计划见表4-1，具体如下：

表4-1 实验计划表

采样湖泊	鹰窝湖	郭郑湖	庙湖	南湖
采样时间	2011.9	2011.9	2011.7	2011.9
分析项目	湖水总氮、总磷及底泥(混合样)总氮、总磷、不同形态磷			
采样时间	/	2012.4	2012.4	2012.4
分析项目	湖水、间隙水总氮、总磷及底泥(分层样品)总氮、总磷、不同形态磷			

4.2 采样点水质特征

4.2.1 上覆水特征

通过分析图4-1和表4-2发现，鹰窝湖、郭郑湖营养水平介于中营养水平至高营养水平之间(TP 0.09~0.11mg/L)，庙湖、南湖为高营养水平湖泊(TP>0.1mg/L)。四个采样湖泊上覆水氮、磷污染程度由轻到重分别为：鹰窝湖、郭郑湖、庙湖、南湖。

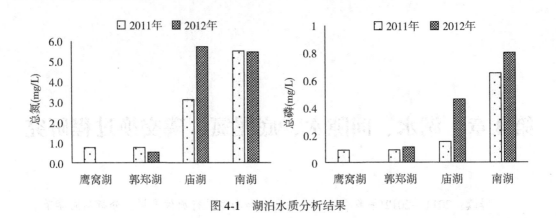

图 4-1　湖泊水质分析结果

表 4-2　　　　　　　　　　　　　　采样湖泊水质测定结果

序号	采样湖泊	采样时间	湖泊水质分析项目（mg/L）			实验测定水质类别
			总氮	总磷	高锰酸盐指数	
1	庙湖	2011.7	3.11	0.15	6.09	劣V类
		2012.4	5.71	0.46	6.73	
2	鹰窝湖	2011.9	0.75	0.09	6.42	IV类
3	郭郑湖	2011.9	0.75	0.09	6.84	IV类
		2012.4	0.51	0.11	4.87	V类
4	南湖	2011.9	5.50	0.65	11.67	劣V类
		2012.4	5.45	0.80	11.19	

　　研究发现南湖、郭郑湖上覆水中 TN、TP 季节性差异不显著，而庙湖季节性差异较为显著。通过分析表 4-1，2012 年春季庙湖 TN、TP 浓度分别是 2011 年夏季的 1.84 倍、3.07 倍，探其主要原因应与八一路延长线的施工有关，2011 年下半年由于施工需要对庙湖主湖区进行了局部清淤，清淤工程对湖区水体整体造成强烈扰动，导致上覆水中 TN、TP 含量异常增加，所以造成庙湖上覆水中 TN、TP 季节性差异较为显著。

4.2.2　间隙水特征

　　湖泊底泥通过底泥间隙水向湖水释放氮、磷，分析不同深度间隙水氮、磷组成，有助于分析各湖泊底泥氮、磷释放规律。将 2012 年春季各湖泊底泥按 5cm 进行分层，分析各层底泥间隙水中氮、磷浓度，具体结果见图 4-2。

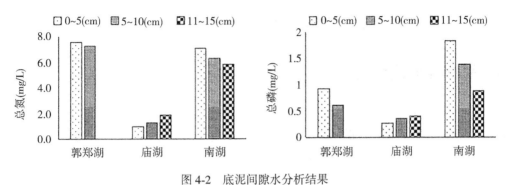

图 4-2　底泥间隙水分析结果

郭郑湖和南湖间隙水中 TN、TP 浓度随着深度的增加而下降；庙湖则相反，即庙湖底泥表层间隙水中氮、磷浓度较低，深层底泥间隙水中浓度反而较高，表明庙湖底泥表层间隙水并不活跃，底泥中氮、磷无法通过表层间隙水释放至湖水中，呈现湖水中氮、磷向间隙水沉积的趋势。三者相比，庙湖底泥间隙水中 TN、TP 浓度远低于郭郑湖、南湖(图 4-3)。

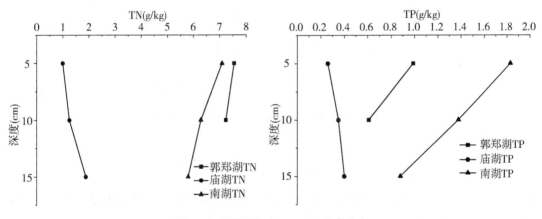

图 4-3　底泥间隙水 TN、TP 垂直分布

有关研究认为，湖泊底泥中营养盐浓度通常随深度的增加而下降(李剑超，2002)，郭郑湖和南湖间隙水氮、磷浓度变化符合这一基本规律。而庙湖不符合这一规律，出现浓度"逆差"，从庙湖底泥间隙水中氮、磷浓度远低于其他两个湖可知，庙湖清淤将表层富含营养盐的淤泥带走，之前氮、磷含量较低的深层底泥暴露为表层底泥，而与水体磷交换息息相关的非惰性磷在底泥表层分布较多，TP 含量一般在底泥表层或亚表层发生明显变化，对于深层底泥而言，惰性磷分布较多，TP 含量一般变化不大，因此本次采集的庙湖原始

底泥应为清淤后暴露在表层的下层惰性磷含量较多的底泥，同时由于清淤时间不长，底泥和湖水氮磷浓度尚未达到平衡，故而出现浓度"逆差"。

4.3　采样点底泥特征

4.3.1　TN、TP 分布特征

4.3.1.1　2011 年夏季

2011 年夏季湖泊底泥混合样 TN、TP 的变化情况见图 4-4。

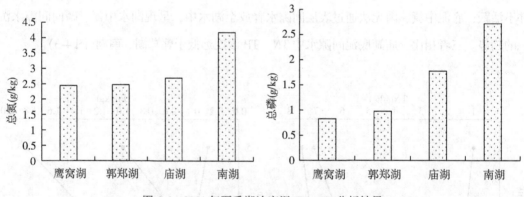

图 4-4　2011 年夏季湖泊底泥 TN、TP 分析结果

2011 年夏季湖泊底泥氮、磷含量排序为：南湖>庙湖>郭郑湖>鹰窝湖，该结果与水质评价结果一致。结合湖泊水质分析结果，湖泊底泥氮、磷含量与上覆水中氮、磷浓度排序也基本一致。这说明底泥污染越严重的湖泊，上覆水的污染也相应越严重，这是由于底泥-水界面之间存在着动态的交换过程，当底泥污染较重时，不断向上覆水释放氮、磷营养盐，直至达到动态平衡。

4.3.1.2　2012 年春季

由于 2011 年夏季对底泥的分析仅仅限于混合样，未对不同深度下的 TN、TP 含量进行分析，为此将 2012 年春季采集的底泥按 5cm 分层进行研究，这样更有利于阐述氮、磷营养盐的输送、积累和再生等过程。2012 年春季湖泊底泥 TN、TP 的垂直分布情况见图 4-5。

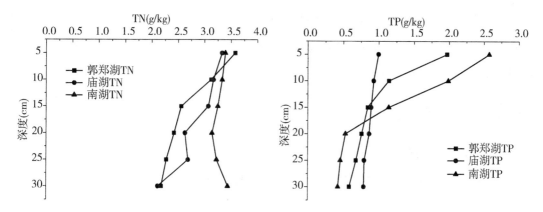

图 4-5 2012 年春季湖泊底泥 TN、TP 的垂直分布图

从 2012 年春季湖泊底泥垂直分布来看，郭郑湖、庙湖 TN 含量随深度的增加逐渐减少，而南湖 TN 含量随深度的增加先减小后增大。这三个采样点 TP 的浓度都是随着深度的增加而逐渐减小的，并且 15cm 以下含量变化不大，这就是通常所说的 TP"表层富集"现象，它是一种普遍存在的现象，一方面是由于外源污染严重而导致底泥表层磷含量的剧增（黄清辉等，2003）；另一方面，也可能是由底泥中磷的地球生物化学作用而导致其向表层迁移所致（朱广伟等，2003）。

TN 含量排序为南湖>庙湖>郭郑湖，平均值分别为 3.296g/kg、2.834g/kg 和 2.690g/kg；TP 含量排序为南湖>郭郑湖>庙湖，平均值分别为 1.184g/kg、0.995g/kg 和 0.877g/kg。这说明南湖深层底泥沉积了大量的氮、磷，内源污染比庙湖和郭郑湖严重，应与大量的生活污水长期排入相关；庙湖属于东湖污染最严重的子湖，虽然经历了 2011 年的清淤等工程，但底泥中 TN 的含量仍很高，这说明清淤对底泥中氮浓度变化影响较小，而庙湖底泥中 TP 含量较低并且变化幅度很小，这说明清淤对底泥中磷浓度变化影响较大；郭郑湖周围的居民区较少，并且面积较大，纳污能力相对较强，底泥氮、磷含量亦较低（周帆琦等，2014）。

4.3.2 不同赋存形态磷的分布特征

研究表明，底泥 TP 浓度不能有效预测其潜在的供磷能力，不是所有的磷均能释放进入水体，有一部分惰性磷长期沉积在底泥深层，很难迁移、释放到上覆水体，所以研究湖泊底泥中磷的赋存形态是理解磷在湖泊系统中生物地球化学循环的重要方面，对湖泊富营养化的防治具有重要意义（Zhou et al.，2001）。

为了解底泥中各种形态磷对上覆水磷的贡献，本研究将磷分为可交换磷(Ex-P)、铝结合磷(Al-P)、铁结合磷(Fe-P)、闭蓄态磷(Oc-P)、自生钙磷(ACa-P)、碎屑钙磷(De-P)和有机磷(Or-P)等 7 种形态(朱广伟等，2004)进行分析。

4.3.2.1　2011 年夏季

1. 不同形态磷的含量

2011 年夏季底泥混合样不同赋存形态磷含量见图 4-6。

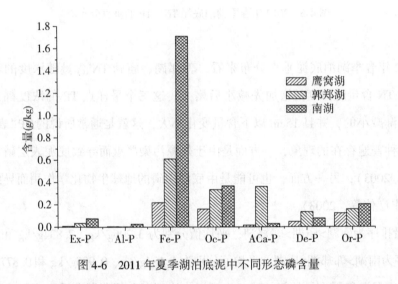

图 4-6　2011 年夏季湖泊底泥中不同形态磷含量

（1）Ex-P、Al-P、Fe-P 与 Or-P：这几种磷为生物活性磷，其含量与湖泊水体污染程度密切相关，对水体富营养化有重要贡献。

Ex-P 主要是指底泥中氧化物、氢氧化物以及黏土矿物颗粒表面等吸附的磷。虽然含量一般很低，但较活跃，最易释放进入上覆水体并很容易被水生生物吸收利用。南湖中 Ex-P 含量是郭郑湖含量的 2 倍以上，是鹰窝湖含量的 12 倍以上。按含量大小排序为：南湖>郭郑湖>鹰窝湖。朱广伟等(Zhu et al.，2006)认为底泥的 Ex-P 与水质密切相关，可作为湖泊污染的有效指示剂，据此判断三个湖区底泥污染状况与水质污染特征一致。

南湖、郭郑湖、鹰窝湖的 Al-P 含量都很低，本研究中不予重点讨论。

三个湖泊中 Fe-P 含量均明显高于其他形态磷。当氧化还原条件降低时，Fe^{3+} 被还原为 Fe^{2+}，Fe-P 会由于 Fe^{2+} 的溶出而释放到间隙水进而扩散进入上覆水中，成为内源负荷的重要来源。经研究，Fe-P 的含量基本可以反映沉积磷的潜在释放量，而这种潜在的内源性磷负荷与水体富营养化程度有十分重要的关系(Qin,1999),富营养化程度越高的湖泊,Fe-P含量越高(Hisahi,1983),所以应该对湖泊的Fe-P的潜在释放威胁给予足够的重视。

Or-P的主要来源是底泥中各种动植物残体、腐殖质类有机物中含有的磷,只有在有机物矿化后才能被释放出来。按含量大小排序为:南湖>郭郑湖>鹰窝湖。

(2)Oc-P、ACa-P与De-P:这几种为生物惰性磷,与湖泊水体的污染程度关系不明显,对水体富营养化的贡献相对较小。

Oc-P是指紧密包裹在Fe_2O_3胶膜内部的还原溶性磷酸铁和磷酸铝,其形成与底泥的物理和化学风化强度显著相关,且很难释放和被生物利用(吴峰炜等,2009)。按含量大小排序为:南湖>郭郑湖>鹰窝湖。

底泥中Ca-P按其来源可分为两部分:自生钙磷(ACa-P)和碎屑态磷(De-P)。ACa-P主要为与碳酸盐、石灰岩结合的磷形态,它是底泥中较惰性的磷组分,通常被认为是生物难利用性磷(Ruban et al.,1999),但当微生物矿化而导致其pH值降低引起碳酸钙溶解时,那些新生成的ACa-P易溶解而被生物所利用(Gomez et al.,1999),其含量一般与沉积环境,如水动力状况、水温、酸碱度等条件密切相关(傅庆红等,1994)。由于很难被分解和转化为磷酸盐(李宝等,2008),因此其对湖泊富营养化的影响不大,其按含量大小排序为:郭郑湖>南湖>鹰窝湖。De-P主要是底泥中由于生物作用沉积、固结的颗粒磷,如羟基磷灰石等,难以被生物所利用,主要反映了沉积物中动植物残体引入的部分磷,比如鱼类、贝类、螺类等水生动物死亡残体引入的钙磷(邹丽敏,2008),一般很难再生而被生物所利用(朱广伟等,2003),按含量大小排序为郭郑湖>南湖>鹰窝湖。

2. 底泥中不同形态磷的百分比分布

图4-7所示为夏季鹰窝湖、郭郑湖、南湖底泥中的不同形态磷所占TP的百分比分布图,在所有的样品中Fe-P所占的比例最高,鹰窝湖、郭郑湖和南湖底泥比例分别为26%、32%和63%。Oc-P所占TP的比例稍低于Fe-P,范围为13%~19%;Or-P占TP的比例也较高,范围为7%~15%;鹰窝湖和南湖ACa-P所占TP的比例较低,分别为2%和1%,但是郭郑湖则高达19%;由于De-P、Ex-P、Al-P所占的比例很小,在此不做重点讨论。

Ruban等(2001)认为,可以根据沉积物中各形态磷所占比重粗略地判断其主要的污染源。Fe-P含量比重较大的沉积物受其周边工业源和生活源影响较大;Ca-P含量比重大的沉积物受外源影响较小,说明其外源输入较小或已得到治理;Or-P含量比重大的沉积物受周边农业面源的影响较大。根据以上规则可判断：南湖 Fe-P 比重最大，其受周边工业源与生活源的影响较大；鹰窝湖 Or-P 比重最大，其受周边面源影响较大；郭郑湖 Ca-P 最大，其受外源的影响则相对较小。此判断符合目前各湖水环境现状。

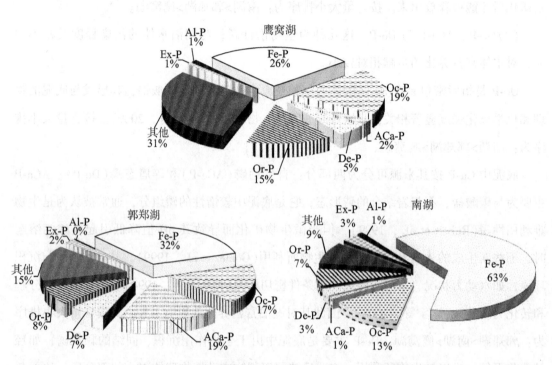

图 4-7　2011 年夏季底泥中各种形态磷占 TP 含量的比例

4.3.2.2　2012 年春季

1. 底泥中不同形态磷的含量

2012 年春季各湖底泥不同赋存形态磷垂向分布情况见图 4-8。

（1）Ex-P、Al-P、Fe-P 与 Or-P：各湖泊底泥中 Ex-P、Al-P、Fe-P 与 Or-P 含量都呈现自上而下，逐层递减的规律，而庙湖 Ex-P、Al-P 与 Fe-P 含量随深度变化幅度较小，这主要是由于含量高的表层淤泥被清走，只留下含量较稳定的底层底泥。

上层底泥有机质矿化作用显著，为间隙水提供了较多的正磷酸盐，有较多的磷被底泥颗粒吸附，因此接近底泥-水界面处的 Ex-P 含量相对较高；随着深度的增加，有机质的矿化作用降低，间隙水中正磷酸盐减少，同时由于环境变得更有利于还原，有利于磷的解吸，因此随着深度的增加 Ex-P 含量逐渐降低。

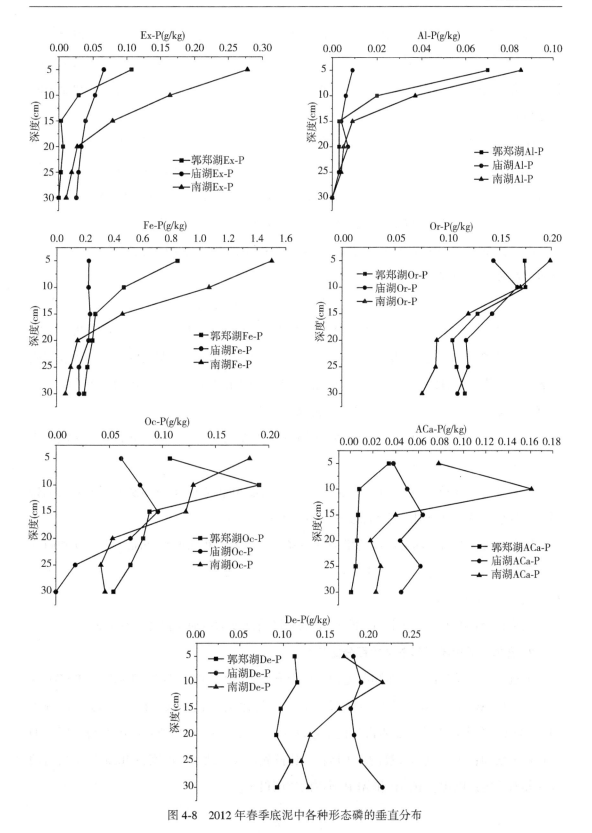

图 4-8 2012 年春季底泥中各种形态磷的垂直分布

Al-P 是活性较高的一种磷形态，它的释放主要受氧化还原条件的影响。在底泥表层接近上覆水的地方，处于相对好氧的状态，间隙水中溶解性正磷酸盐浓度高，Al-P 的形成-释放-扩散作用显著，在表层与水体中进行激烈的交换，造成底泥表层的高含量和显著的变化趋势。

Fe-P 的含量变化反映了成盐作用对底泥磷的改造，随着底泥深度的增加，铁磷矿物在相对还原条件下被溶解，释放出的溶解性正磷酸盐通过间隙水向上迁移，在氧化还原电位相对较高的表层底泥中重新与 Fe^{3+} 结合成铁磷矿物沉淀下来，造成 Fe-P 在沉积表层富集；此外表层底泥中未定形的铁氧化物矿物对磷具有强烈的吸附作用，它可从上覆水中吸附溶解性磷酸盐而使底泥中 Fe-P 含量增高，随着深度的增加，矿物晶型逐步有序化，吸附能力也相对减弱(秦伯强等，2002)。

各湖泊 Or-P 含量在 0~10cm 深度含量最高，15cm 深度以下的变化不大，这主要是由于水体中的有机质在沉降过程中大多数在水体中已开始分解，未来得及分解的有机质沉降在底泥表层(0~5cm)或亚表层(5~10cm)，部分在底泥-水界面实现最终降解，造成表层或亚表层有机磷含量偏高。后三层(15~30cm)有机磷的变化不大，主要是因为微生物的活性及沉积环境较为稳定，对有机磷矿化作用的差异不显著。

(2)Oc-P、ACa-P 与 De-P：它们在不同湖泊中的变化规律不一致，并且随着深度的增加，含量变化不显著。

南湖 Oc-P 含量随着深度的增加逐渐减小；郭郑湖和庙湖 Oc-P 含量随着深度的增加先增加后减小，最大值分别出现在深度 5~10cm 和 10~15cm。

郭郑湖 ACa-P 含量随着深度的增加逐渐降低，最大值在深度 0~5cm，而庙湖和南湖最大值分别出现在深度 5~10cm 和深度 10~15cm，这可能是由微生物活性及酸碱性的不同所导致的(徐康等，2011)。

从垂直分布上来看，三个湖泊的 De-P 含量随着深度的增加变化规律不明显。

2. 春季底泥中不同形态磷的百分比分布

通过图 4-9 可以看出，郭郑湖七种不同形态磷占 TP 比例大小为：Fe-P>Or-P>De-P/Oc-P>Ex-P>ACa-P>Al-P，并且不同深度下所占的比例变化较大。Fe-P 所占的比例为31%~43%，随着深度的增加所占的比例逐渐减小；Or-P 和 De-P 随着深度的增加所占的比例逐渐增加；Oc-P 随着深度的增加所占的比例先增大后减小，深度在 10cm 以下所占的比例相对稳定；Ex-P、ACa-P 和 Al-P 所占的比例很小。

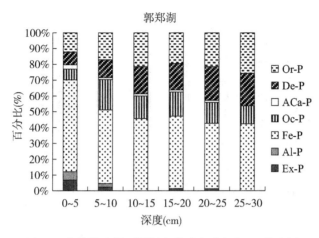

图 4-9 郭郑湖底泥不同深度磷赋存形态占 TP 的比例

通过分析庙湖在不同深度下各种形态磷在 TP 中所占百分比的情况(见图 4-10),发现 De-P/Fe-P>Or-P>Oc-P>ACa-P>Ex-P>Al-P,不同深度各种形态磷的含量都保持着一个比较稳定的状态。

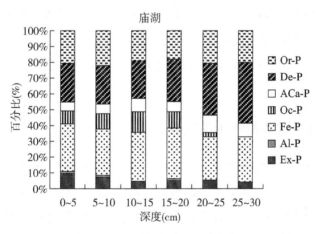

图 4-10 庙湖底泥不同深度磷赋存形态占 TP 的比例

通过图 4-11 可以看出,南湖不同形态磷所占的比例:Fe-P>De-P>Or-P>Oc-P>ACa-P/Ex-P>A1-P,在所有形态的磷当中,Fe-P 的比例最高,所占的比例为 14%~58%,并且所占的比例随着深度的增加逐渐减小;Ex-P 随着深度的增加所占的比例逐渐减小;De-P 和 Or-P 随着深度的增加所占的比例逐渐增大;Oc-P 和 ACa-P 随着深度的增加所占的比例变化不是很明显。

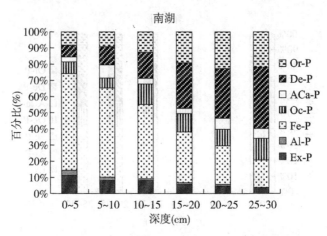

图 4-11　南湖底泥不同深度磷赋存形态占 TP 的比例

通过以上分析可知：不同深度下各形态磷所占比例的变化幅度为南湖>郭郑湖>庙湖。同时根据 Ruban 等提出的判断原则，南湖底泥 Fe-P 所占比重最大，这说明南湖的污染是最严重的，并且其受周围的工业及生活污染源的影响最大；对于庙湖 Ca-P 含量较高，Fe-P 的含量并不是特别高，但这并不是因为其污染较轻，而是由于庙湖清淤工程对其造成的影响，Fe-P 含量较高的表层被清走，所以上述判断原则对庙湖来说并不适用；对于郭郑湖来说，其 Or-P 的含量较高，说明其周围的面源污染较重，但是由于其面积较大，净化能力较强，所以相比于庙湖和南湖污染相对较轻。总的来说，沉积物污染程度仍是南湖>庙湖>郭郑湖。

4.3.3　底泥中氮、磷含量的相关性分析

底泥中的氮、磷形态与理化性质一样，并不是一成不变的，在环境条件适合的时候，形态之间也会发生彼此转化。不同形态的磷对内源磷的释放贡献有显著的差异。探讨底泥中形态磷之间的可能转化过程，对深入认识湖泊系统内磷的生物地球循环与影响机制和揭示磷的生物有效性均具有重要的理论意义。

本节主要是利用春季底泥中不同深度下柱状底泥中氮、磷营养盐的含量进行相关分析，数据处理、实验数据的统计计算均采用 SPSS 统计软件包(版本 13.0)进行，各种磷形态的相关性分析则采用 Pearson 相关系数的双尾检验进行。

4.3.3.1　郭郑湖

通过表 4-3 可以看出，对于郭郑湖中不同形态磷之间的相关性，通过相关性分析表可以看出，Ex-P、Al-P、Fe-P 及 ACa-P 两两之间的正相关非常显著，除此之外，Or-P 与

Fe-P呈显著正相关关系。

TP 和 Ex-P、Al-P、Fe-P、ACa-P 呈极显著的正相关关系，TP 和 Or-P 呈显著正相关关系，这可能是由于这几种形态的磷都是弱稳定或不稳定的，在一定的环境条件下释放出来，进而被生物所利用或者是转移到上覆水中，所以随着这些形态磷的增加，磷酸根的释放量增加，TP 的含量也会增加。郭郑湖 TP 的增加主要来自 Ex-P、Al-P、Fe-P、ACa-P，其次来自 Or-P，郭郑湖富营养化防治尤其需要关注无机磷的控制。

对 TN 和不同形态磷之间的相关分析可以看出，TN 和 Ex-P、Al-P、Fe-P、Or-P 及 TP 呈极显著的正相关关系，与 ACa-P 呈显著的正相关关系。

表 4-3 　　　　　　　　　　　郭郑湖底泥中氮、磷之间的相关性($n=6$)

	Ex-P	Al-P	Fe-P	Oc-P	ACa-P	De-P	Or-P	TP	TN
Ex-P	1								
Al-P	1**	1							
Fe-P	0.987**	0.989**	1						
Oc-P	0.331	0.343	0.468	1					
ACa-P	0.980**	0.980**	0.958**	0.228	1				
De-P	0.603	0.621	0.661	0.701	0.531	1			
Or-P	0.766	0.778	0.850*	0.794	0.678	0.772	1		
TP	0.986**	0.987**	0.997**	0.437	0.973**	0.638	0.826*	1	
TN	0.914**	0919**	0.967**	0.644	0.874*	0.721	0.929**	0.962**	1

注：** 显著性水平为 0.01，* 显著性水平为 0.05，下同。

4.3.3.2　庙湖

通过表 4-4 可以看出，庙湖七种不同形态的磷之间，只有 Fe-P 和 Oc-P 呈极显著的正相关关系，De-P 和 Oc-P 呈显著的负相关关系，其他形态磷之间并没有显著的相关性。

TP 与 Ex-P 呈极显著的正相关关系，与 Fe-P、Al-P 呈显著的正相关关系，与 Or-P 的相关性并不显著，这说明 TP 的增加主要来自无机磷，Or-P 对其的贡献并不大，所以为了控制庙湖湖区的富营养化，主要是要控制无机磷的含量。

通过 TN 和不同形态磷之间的相关分析可以发现，TN 和 TP、Ex-P 及 Or-P 呈显著的正相关关系，和其他形态的磷的相关性并不显著。

表 4-4　　　　　　　　　　庙湖底泥中氮、磷之间的相关性（$n=6$）

	Ex-P	Al-P	Fe-P	Oc-P	ACa-P	De-P	Or-P	TP	TN
Ex-P	1								
Al-P	0.796	1							
Fe-P	0.641	0.763	1						
Oc-P	0.521	0.650	0.958**	1					
ACa-P	−0.431	−0.436	−0.151	0.127	1				
De-P	−0.488	−0.770	−0.769	−0.815*	−0.192	1			
Or-P	0.771	0.526	0.663	0.707	0.049	−0.464	1		
TP	0.963**	0.861*	0.817*	0.701	−0.402	−0.628	0.762	1	
TN	0.868*	0.782	0.747	0.757	0.022	−0.787	0.851*	0.888*	1

4.3.3.3　南湖

通过表 4-5 可以看出，南湖 Ex-P、Al-P、Fe-P 两两之间呈极显著的正相关关系；Oc-P 和 Ex-P、Fe-P 也呈极显著的正相关关系，Oc-P 和 Al-P 呈显著的正相关关系；De-P 和 ACa-P 呈极显著的正相关关系；Or-P 和 Ex-P、Al-P、Fe-P、Oc-P 呈极显著的正相关关系。

TP 和 Ex-P、Al-P、Fe-P、Oc-P 呈极显著的正相关关系，与 Or-P 的相关性也是非常显著的，这说明底泥中有机磷和无机磷对 TP 的影响都很大。

通过 TN 和不同形态的磷的相关分析可以看出，TN 与 TP 及各种形态的磷的相关性都不显著，这说明对于南湖来说，氮、磷之间的相互作用不明显。

表 4-5　　　　　　　　　　南湖底泥中氮、磷之间的相关性（$n=6$）

	Ex-P	Al-P	Fe-P	Oc-P	ACa-P	De-P	Or-P	TP	TN
Ex-P	1								
Al-P	0.972**	1							
Fe-P	0.998**	0.957**	1						
Oc-P	0.959**	0.886*	0.971**	1					
ACa-P	0.682	0.556	0.691	0.622	1				
De-P	0.728	0.563	0.752	0.755	0.943**	1			
Or-P	0.991**	0.939**	0.993**	0.952**	0.761	0.800	1		

续表

	Ex-P	Al-P	Fe-P	Oc-P	ACa-P	De-P	Or-P	TP	TN
TP	0.994**	0.942**	0.996**	0.963**	0.749	0.798	0.997**	1	
TN	0.404	0.426	0.371	0.359	0.319	0.278	0.352	0.408	1

4.4 底泥-间隙水-上覆水(湖水)关系分析

对湖泊水体来说,底泥犹如一个营养贮存库,在一定环境条件下,底泥间隙水中营养盐(氮、磷等)通过扩散、对流、底泥再悬浮等过程向湖泊水体释放营养物(龚春生等,2006),因此,湖泊水体富营养化程度与底泥营养物释放有较密切的联系,研究湖泊底泥-间隙水-上覆水中氮、磷含量之间的关系,对于研究湖泊营养盐迁移转化规律十分必要。

4.4.1 底泥-湖水氮、磷浓度比

综合采样湖泊底泥及湖水 TN、TP 测定结果,将各湖泊 2011 年夏季与 2012 年春季泥水氮、磷浓度比值进行分析(图 4-12)。

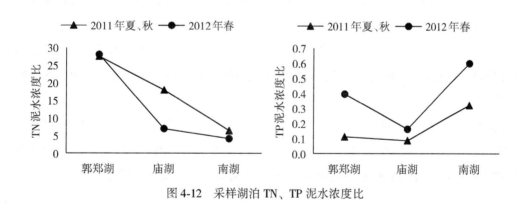

图 4-12 采样湖泊 TN、TP 泥水浓度比

郭郑湖、南湖 2011 年夏季与 2012 年春季湖水 TN 浓度变化不大,泥水 TN 浓度比值也基本稳定,两湖 TN 季节性差异不显著。庙湖泥水 TN 浓度比值差距明显,夏季是春季的3.06 倍,2012 年春季泥水 TN 浓度梯度显著降低,底泥 TN 释放趋势下降。

南湖、庙湖泥水 TP 浓度比值基本稳定,两湖 TP 季节性差异不显著。郭郑湖泥水 TP浓度比季节差异稍显著,春季郭郑湖底泥 TP 含量高于湖水,呈现 TP 释放趋势。

4.4.2　间隙水-湖水氮、磷浓度比

间隙水中的物质向底泥表面扩散以及进而向湖泊上覆水混合扩散的过程，主要是由浓度差支配的(范成新等，1997)，将各湖泊 2012 年春季底泥表层间隙水(0~5cm)与湖水中氮、磷浓度进行分析比较，见图 4-13。

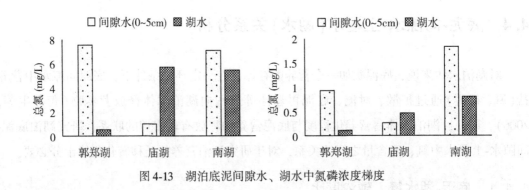

图 4-13　湖泊底泥间隙水、湖水中氮磷浓度梯度

郭郑湖氮、磷浓度为间隙水大于湖水，间隙水氮、磷浓度远高于湖水中氮、磷浓度，表明郭郑湖底泥间隙水向湖水扩散氮、磷。研究表明，间隙水磷浓度比上覆水中大约高 5 至 20 倍(Bostrom et al.，1982)时，间隙水向上覆水释放磷，由此可知郭郑湖底泥持续释放趋势明显。

庙湖氮、磷浓度为湖水大于间隙水，间隙水氮、磷浓度远低于湖水 TN 浓度，表明庙湖间隙水难以向湖水中释放氮、磷，湖水中 TN、TP 有沉积的趋势，这与庙湖底泥清淤关系很大。

南湖氮、磷浓度为间隙水大于湖水，间隙水氮、磷浓度与湖水氮、磷浓度差别不大，间隙水 TP 浓度仅为湖水的 2.3 倍，表明南湖底泥间隙水与上覆水间没有达到磷释放的浓度梯度，即南湖底泥间隙水不再向湖水释放 TP；南湖水质呈现持续稳定的趋势。

4.5　研究结论

(1)通过分析采样点的水质特征，发现湖泊污染程度由重到轻分别为：南湖、庙湖、郭郑湖、鹰窝湖，且庙湖上覆水中 TN、TP 含量季节性变化显著，南湖、郭郑湖季节性变化不显著。

(2)通过对春季底泥的垂直分布规律分析发现，对于 Ex-P、Al-P、Fe-P、Or-P 这几种生物活性磷来说，随着深度的增加含量逐渐减少，并且 15cm 以下含量变化不大，而对于

Oc-P、De-P、ACa-P 这几种相对惰性的磷来说，随着深度的增加变化趋势不明显，总之，在垂向分布上，各形态磷都有一定的变化规律，不过在不同湖区，不同磷形态的变化趋势不同。从变化范围上来说，南湖的变化范围最大，郭郑湖其次，庙湖最低。

（3）各形态磷相关分析表明，郭郑湖 TP 的增加主要来自无机磷，其次来自有机磷；庙湖 TP 的增加主要来自无机磷，有机磷对其的贡献并不大；南湖无机磷和有机磷与 TP 的关系都非常密切。

（4）通过分析底泥、湖水之间的氮、磷浓度比，发现庙湖 TN 泥水比季节性变化显著，郭郑湖、南湖 TP 泥水比季节性变化显著。

（5）通过分析底泥、间隙水、湖水之间的关系，发现郭郑湖与南湖氮、磷浓度梯度为底泥>间隙水>湖水，庙湖氮、磷浓度梯度为底泥>湖水>间隙水。郭郑湖有较强的氮、磷释放趋势；南湖呈现持续稳定的氮、磷释放趋势；庙湖有较强的氮、磷沉积趋势。

（6）底泥中氮、磷的释放-沉积是一个不断相互转换的动态平衡，平衡一旦打破则会向有利方转换，而维持这一动态平衡的关键就是泥水浓度比。从本研究可看出，现阶段底泥内源释放应是东湖的主要污染源，南湖的主要污染源则主要来自外源排放。

第5章 主要环境因子对氮、磷释放影响的模拟条件研究

导读：本章采用正交实验法对东湖子湖之一的庙湖进行释放模拟条件研究，将模拟温度控制为低温（10℃）、中温（20℃）、高温（30℃），将 pH 值控制为酸性（pH=5）、中性（pH=7）、碱性（pH=9）；将溶解氧按厌氧、自然、好氧三个条件，将样品溶解氧调节为 2mg/L、4mg/L、8mg/L，研究温度、溶解氧、pH 值等主要环境因子对氮、磷释放的影响。

氮、磷是湖泊底泥对湖泊水体贡献的主要污染物。氮在湖泊底泥-水界面间的迁移和交换是一个十分复杂的生物化学过程。通常认为，氮元素在底泥-水界面之间的转换是以不同氮化合物的形式进行的（Christophoridis et al.，2005）。底泥氮的释放取决于氮化合物分解的难易程度，主要与溶解氧、pH 值、微生物、温度等条件有关。而湖泊底泥对磷的吸附是一个动态平衡过程，解吸则是其逆过程（Christophoridis et al.，2005）。有研究表明，影响底泥磷转化、释放过程的主要因子有 pH 值、溶解氧、氧化还原电位、温度、水体扰动、藻类、底栖动物、光照等（朱健，2009）。综合湖泊底泥氮、磷释放的影响因子，本研究选择影响较为显著的 pH 值、温度、溶解氧三个环境因子进行底泥污染物释放的模拟条件研究（沙茜等，2012）。

5.1 研究样地选取

作为东湖子湖之一的庙湖湖区紧邻城市道路，受城市发展及人为因素的影响比较显著，虽然进行了沿岸截污、清淤及修复工程，但是庙湖水质仍然为劣 V 类，因此选取庙湖为实验对象，进行底泥释放模拟实验条件的研究（采样点见图 5-1）。

图 5-1 底泥污染物释放模拟实验采样点

5.2 实验方案

5.2.1 主要环境因子选择

根据武汉市的全年温度变化情况,将模拟温度控制为低温(10℃)、中温(20℃)、高温(30℃);根据庙湖的水质状况,将 pH 值控制为酸性(pH = 5)、中性(pH = 7)、碱性(pH = 9);按照厌氧、自然、好氧三个条件,将样品溶解氧调节为 2mg/L、4mg/L、8mg/L(沙茜等,2013)。

5.2.2 正交实验设计与结果

2011 年 7 月,本研究采用正交实验法进行释放模拟条件研究,具体的三因素三水平正交设计方案见表 5-1。每天分析样品上覆水,实验过程共持续 16 天,监测天数为 14 天(孙燕等,2012)。

表 5-1 正交实验设计

试验序号	因素 A 温度(℃)	因素 B 溶解氧	因素 C pH 值
1	低温(10℃)	2mg/L(充 N_2)	5
2	低温(10℃)	8mg/L(充 O_2)	7
3	低温(10℃)	4mg/L	9

续表

试验序号	因素 A 温度(℃)	因素 B 溶解氧	因素 C pH 值
4	中温(20℃)	2mg/L/(充 N$_2$)	7
5	中温(20℃)	8mg/L(充 O$_2$)	9
6	中温(20℃)	4mg/L	5
7	高温(30℃)	2mg/L(充 N$_2$)	9
8	高温(30℃)	8mg/L(充 O$_2$)	5
9	高温(30℃)	4mg/L	7
10	自然状态(对照)		

对 10 个样品采用正交条件控制，分析样品上覆水 TN、NH$_3$-N、NO$_3$-N、NO$_2$-N、TP、DTP、COD$_{Mn}$ 等项目，结果如图 5-2~图 5-9 所示。

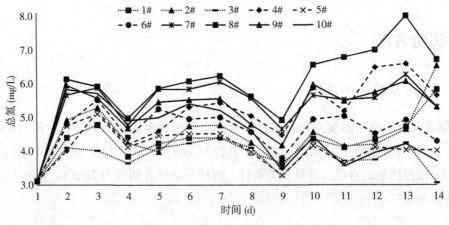

图 5-2　正交实验 TN 测定结果

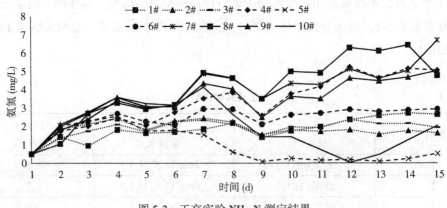

图 5-3　正交实验 NH$_3$-N 测定结果

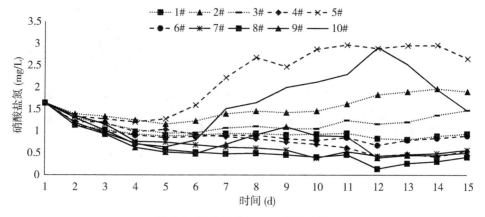

图 5-4　正交实验 NO$_3$-N 测定结果

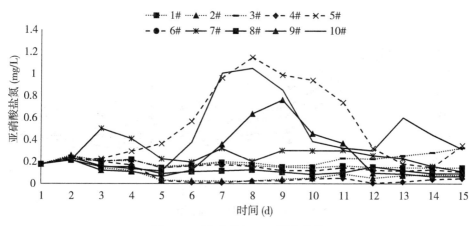

图 5-5　正交实验 NO$_2$-N 测定结果

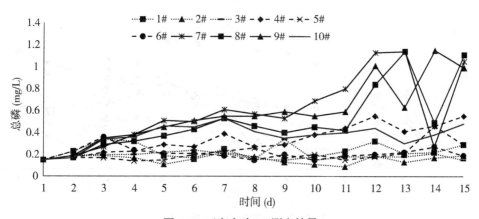

图 5-6　正交实验 TP 测定结果

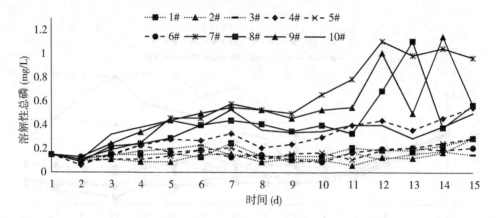

图 5-7　正交实验 DTP 测定结果

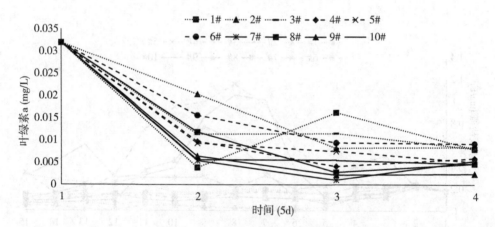

图 5-8　正交实验叶绿素 a 测定结果

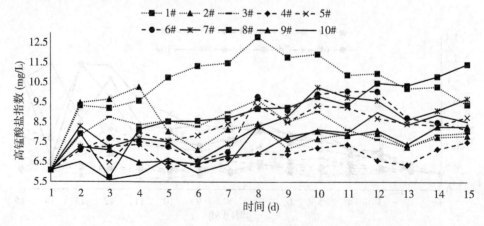

图 5-9　正交实验 COD$_{Mn}$ 测定结果

5.3 实验数据统计及分析

5.3.1 温度的影响

1. 温度对氮释放的影响

在不同温度条件下，样品上覆水中 TN、NH$_3$-N 的浓度均高于起始浓度，呈现上升状态，底泥释氮过程显著，如图 5-10 所示。

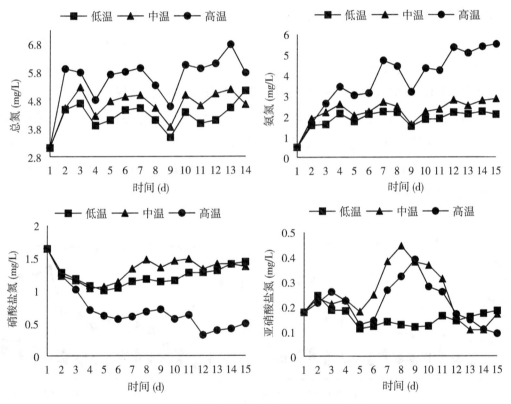

图 5-10 不同温度条件下各种形态氮释放曲线

高、中、低三个温度条件下，TN 释放规律趋势一致，但是三者的浓度变化范围有较大差异，上覆水 TN 的平均浓度分别为 5.55mg/L、4.62mg/L、4.22mg/L。即温度越高，氮的平均浓度越高，说明高温显著地促进了 TN 的释放。NH$_3$-N 在三个温度条件下也都呈现释放状态，并且高温促进 TN 释放的程度更加显著；中温和低温释放变化趋势一致，释放浓度相差不大；高温、中温、低温时，上覆水中 NH$_3$-N 变化的平均浓度分别为

3.93mg/L、2.27mg/L、1.88mg/L，即高温可以明显地促进 NH_3-N 的释放。而 NO_3-N 在三个温度条件下均呈现沉积现象，高温条件下沉积作用更为显著。

综合 TN、NH_3-N、NO_3-N、NO_2-N 浓度变化分析，造成庙湖上覆水中氮浓度上升的主要原因是 NH_3-N 的释放，底泥中的 NO_3-N 基本不向上覆水中释放；另外，高温条件极大地促进了底泥-上覆水中氮的交换活动，温度越高，影响程度越大。这是因为在高温条件下底泥表面微生物活动强烈，促进生物扰动、矿物作用和厌氧转化，使 TN 的释放量增加；同时，还原环境使生物参与的反硝化作用和氨化作用明显，使更多的 NH_3-N 进入间隙水和上覆水(商卫纯等，2007)。

2. 温度对磷释放的影响

如图 5-11 所示，在高温、中温、低温条件下，样品上覆水中 TP、DTP 浓度均高于起始浓度，呈现上升状态，底泥释磷过程显著。在不同温度条件下，TP 和 DTP 的释放趋势相同，两者呈明显的正相关关系，说明底泥释放到上覆水中的磷主要是 DTP。TP 和 DTP 在中低温度条件下的释放趋势均比较平稳，呈现小幅度的上下波动；在高温条件下释放过程变化明显，前六天释放量呈缓慢上升趋势，此时释放过程达到第一个平衡，从第十天开始，释放量又明显增加，到第十五天，基本达到第二次平衡。可见，底泥磷的释放是一个不断波动并达到动态平衡的过程，实验结果与徐升宝等(2011)的研究结果一致。

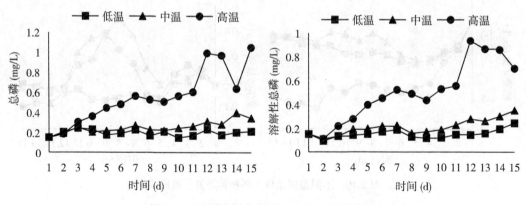

图 5-11 不同温度条件下 TP、DTP 释放曲线

从不同温度条件下的磷浓度变化可以看出，温度对于底泥中磷的释放影响非常显著。TP 在高温条件下上覆水中平均浓度为 0.60mg/L，而在中温、低温条件下的平均浓度仅为 0.26mg/L、0.19mg/L；DTP 在高温条件下的平均浓度为 0.53mg/L，在中温条件下释放量明显减少，上覆水中平均浓度为 0.22mg/L，而在低温条件下呈现出释放与沉积过程的交

替，上覆水中平均浓度仅为 0.15mg/L，这与庙湖湖水原始浓度相近；从磷释放曲线可知，在高温条件下磷的浓度变化约为在低温条件下的三倍，可见庙湖水体中磷的释放随季节变化幅度较大，高温可以明显地促进磷的释放过程。

由实验结果得出，温度升高可以明显地促进磷的释放。这是由于一方面高温条件促进吸附-解析物理反应的平衡向吸热方向进行，从而使水-底泥表面朝着磷释放的反应进行（丁建华等，2008）；另一方面，温度升高使底泥中微生物和底栖生物活动加强，提高生物搅动作用和底泥有机物的矿化速率，使底泥中的有机磷转化为无机态的磷酸盐从而促进内源磷的释放。除此之外，随着微生物活动的增加，耗氧速率加快，水体中的溶解氧减少，使水体环境由氧化状态向还原状态转化，有利于发生 $Fe^{3+} \rightarrow Fe^{2+}$ 的反应，加速底泥中 Fe-P 的释放（张智等，2005；杨丽原等，2003）。

5.3.2 pH 的影响

1. pH 对氮释放的影响

不同 pH 条件下上覆水中 TN、NH_3-N、NO_3-N、NO_2-N 浓度变化曲线如图 5-12 所示。从实验结果来看，在选定的三个 pH 条件下，TN 及 NH_3-N 一直处于释放状态，NO_3-N 及 NO_2-N 基本处于沉积状态。TN 在碱性条件下释放强度最低，平均浓度为 4.46mg/L，在酸性和中性条件下平均浓度较为接近，分别为 4.77mg/L、4.72mg/L；同样地，NH_3-N 在碱性条件下的释放强度最低为 2.14mg/L，在酸性和中性条件下平均浓度也较为接近，分别为 2.49mg/L、2.60mg/L。

从实验结果看出，TN 和 NH_3-N 变化规律趋于一致，在三种 pH 条件下样品中的 TN、NH_3-N 均呈现释放状态，且酸性和中性条件下释放量较大。这主要是由于 pH 影响了微生物的活性，当 6<pH<8 时氨化细菌比较活跃，促进了底泥中氮的释放，当 pH 值继续增大时，微生物活性降低，释放量减小；而酸性条件释放量偏高是由于 pH 值越低，水溶液中 H^+ 浓度越大，底泥胶体中 NH_4^+ 同 H^+ 竞争吸附使释放量增加（Frankowski et al., 2012）。

2. pH 对底泥中磷释放的影响

实验得到不同 pH 条件下上覆水样品中 TP 和 DTP 的释放曲线（图 5-13）。TP 和 DTP 的释放趋势基本一致，整个过程呈现逐步释放。TP 在酸性、中性、碱性条件下的平均浓度分别为 0.27mg/L、0.30mg/L、0.30mg/L，DTP 的平均浓度分别为 0.21mg/L、0.27mg/L、0.25mg/L，两种形态的磷平均释放速率从数值上看相差不大。总体上看来，中性条件下的促进程度略大于碱性和酸性条件。

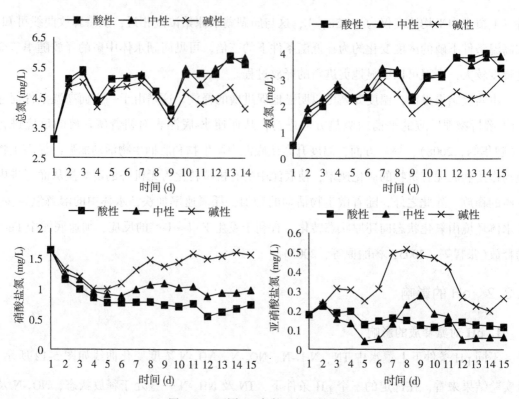

图 5-12　不同 pH 条件下氮释放曲线

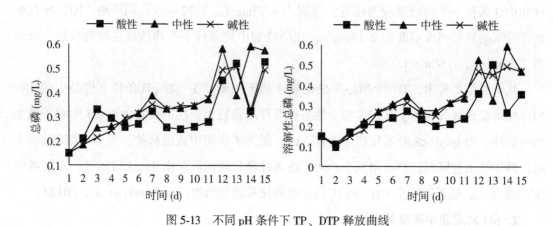

图 5-13　不同 pH 条件下 TP、DTP 释放曲线

　　底泥中磷的赋存状态通常可以分为无机磷与有机磷，pH 值的变化影响着无机磷中各结合态磷的稳定性(潘成荣，2006)。中性条件下微生物活性较高，有利于 Or-P 的降解；在酸性水体中，钙结合态磷易溶解释放出磷，而在碱性水体中，由于氢氧根与铁、铝磷酸盐复合体中的磷酸根离子发生交换，使底泥中的磷释放出来(高丽，2005)。

5.3.3 溶解氧的影响

1. 溶解氧对氮释放的影响

实验得到不同溶解氧状态下的氮释放曲线(图 5-14)。样品 TN 和 NH_3-N 仍然呈释放状态，而 NO_3-N 呈现少量的沉积现象。在三个溶解氧水平下 TN 释放趋势一致，上覆水浓度差别不大；在三个溶解氧水平下 NH_3-N 释放趋势一致，上覆水浓度呈现厌氧>自然>好氧的现象。

这是因为溶解氧一方面通过影响氧化还原电位来影响释放活动，厌氧状态时泥水界面有较低的氧化还原电位，此时氮的存在状态有从氧化态向还原态转化的趋势，呈现出 NH_3-N 释放量增加的趋势；另一方面，从微生物活动来看，富氧状态下底泥和上覆水中 NH_3-N 被底泥表层的硝化菌氧化成 NO_3-N，底泥中 NO_3-N 的释放量增加(Frankowski et al., 2012)。由于厌氧状态对 NH_3-N 释放的促进程度大于好氧状态对硝氮的促进程度，TN 的释放表现出随着溶解氧增加释放量减少的趋势。

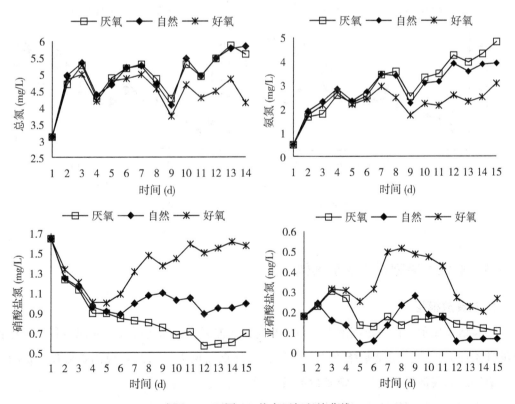

图 5-14 不同 DO 状态下氮释放曲线

2. 溶解氧对底泥中磷释放的影响

实验得到不同溶解氧状态下的磷释放曲线(图 5-15)。在不同溶解氧水平下,底泥中磷都呈现出释放现象,好氧释放的机制主要是底泥的矿化及有机物质的好氧分解;而厌氧状态明显地促进了底泥中磷向上覆水的释放。厌氧状态下,上覆水中 TP 的平均浓度为 0.42mg/L,好氧状态下的平均浓度相对较低,为 0.30mg/L。DTP 变化趋势与 TP 相似,厌氧状态下的平均浓度为 0.37mg/L,好氧状态下为 0.24mg/L。从磷释放曲线中明显看出,厌氧状态下磷的释放大于好氧状态。朱健等研究发现随着溶解氧水平的降低,底泥中磷的释放量增加(张智等,2005),与本实验结果一致。

溶解氧主要是通过影响 Fe-P 来影响底泥磷的释放过程,在高溶解氧水平下,有利于 Fe^{2+} 氧化成 Fe^{3+},Fe^{3+} 与磷酸盐结合形成难溶的磷酸铁,使得好氧状态下底泥对磷的释放作用减弱。而在厌氧条件下氧化还原电位较低(小于 200mV)时,有助于 $Fe^{3+} \rightarrow Fe^{2+}$,使 Fe-P 表面的 $Fe(OH)_3$ 保护层转化为 $Fe(OH)_2$,从而使 PO_4^{3-} 脱离底泥进入间隙水,继而向上覆水中扩散,促使水体中磷含量上升(Bando,1990;陈蓓,2008)。

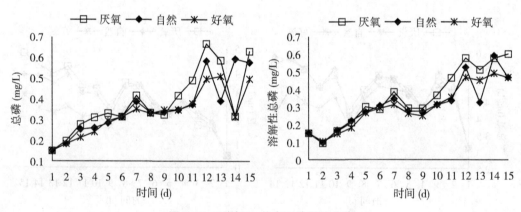

图 5-15　不同 DO 状态下磷释放曲线

5.3.4　底泥污染物释放数学模型

1. 氮释放模型

实验结果显示,在一定范围内,温度升高,底泥氮释放随之增大;底泥氮释放在中性和酸性条件下较大;底泥氮释放随溶解氧含量降低而增大,因此环境因素温度、pH 值、溶解氧同湖泊底泥氮释放呈一定函数关系。

根据底泥平均释氮速率测定结果,应用回归分析,得到公式(5-1)、(5-2)、(5-3)。

不同温度下底泥释氮速率公式:

$$R = 4.2723[T] + 66.62(R^2 = 0.942, \text{其中} 10℃ \leqslant T \leqslant 30℃) \tag{5-1}$$

不同 pH 条件下底泥释氮速率公式:

$$R = -9.3882[pH]^2 + 118.56[pH] - 192.82(R^2 = 0.999, \text{其中} 5 \leqslant pH \leqslant 9) \tag{5-2}$$

不同溶解氧条件下底泥释氮速率公式:

$$R = -9.8363[DO] + 197.97(R^2 = 0.9617, 2mg/L \leqslant DO \leqslant 8mg/L) \tag{5-3}$$

从释氮速率公式看出,在一定范围内,庙湖底泥 TN 释放速率与温度呈正相关,与溶解氧呈负相关,与 pH 呈开口向下的二次函数关系,因此可通过调节影响因素抑制底泥释氮,控制湖体温度、pH 值很难做到,因此提高庙湖水体溶解氧水平是减少底泥氮释放最行之有效的手段。

2. 磷释放模型

实验结果显示,在一定范围内,温度升高,底泥磷释放随之增大;底泥磷释放在中性条件下较大;底泥磷释放随溶解氧含量降低而增大,因此环境因素(温度、pH 值、溶解氧)同湖泊底泥磷释放呈一定函数关系。

根据底泥平均释磷速率测定结果,应用回归分析,得到公式(5-4)、(5-5)、(5-6)。

得到不同温度下底泥释磷速率公式:

$$R = 0.9484[T] - 6.2407(R^2 = 0.8512, \text{其中} 10℃ \leqslant T \leqslant 30℃) \tag{5-4}$$

不同 pH 条件下底泥磷释放速率公式:

$$R = -0.2964[pH]^2 + 3.9302[pH] + 0.5323(R^2 = 1, \text{其中} 5 \leqslant pH \leqslant 9) \tag{5-5}$$

不同 DO 条件下底泥磷释放速率公式:

$$R = -1.3085[DO] + 18.834(R^2 = 0.9993, \text{其中} 2mg/L \leqslant DO \leqslant 8mg/L) \tag{5-6}$$

从释磷速率公式看出,在一定范围内,庙湖底泥 TP 释放速率与温度呈正相关,与溶解氧呈负相关,与 pH 呈开口向下的二次函数关系,因此可通过调节影响因素抑制底泥释磷,湖体温度、pH 较难控制,因此提高庙湖水体溶解氧水平是减少底泥磷释放最行之有效的手段。

5.4 研究结论

湖泊底泥污染物(氮、磷)的释放是一个十分复杂的多因素综合作用的动态过程,实验研究了影响底泥释放氮、磷的三个主要因素,得出以下结论:

(1)湖泊底泥氮、磷释放速率受温度影响显著,温度升高促进了湖泊底泥污染物释放,这对于研究湖泊底泥氮、磷释放过程的季节变化具有重要意义。

(2)湖泊底泥氮、磷释放受 pH 值的影响规律基本一致,中性条件下底泥氮、磷释放量均较大。

(3)湖泊底泥氮、磷释放受溶解氧的影响规律显著，厌氧状态下促进污染物的释放，好氧状态下氮、磷释放速率降低。

(4)三个影响因素中，温度对于释放过程的影响最大，应作为以后研究的重要因素；溶解氧是较容易控制的因素，可作为改善庙湖水质的主要调节因素，可以通过调节上覆水溶解氧水平抑制底泥污染物(氮、磷)的释放。

(5)实验得到了不同温度、pH 值、溶解氧条件下底泥氮、磷的释放速率公式，根据速率公式，可以预测不同环境条件下底泥的释放情况。

第6章 底泥释放对上覆水影响研究

导读： 本章以污染程度不同的湖泊庙湖、鹰窝湖、郭郑湖、南湖为研究对象，进行湖泊原位采样，控制样品温度及溶解氧条件，模拟武汉市不同季节天气条件下，各湖泊污染物释放量最大时的状态，对样品上覆水进行连续监测分析，计算样品污染物释放量，以揭示不同污染程度下湖泊底泥中氮、磷的释放规律。

6.1 实验方案

此次实验控制样品条件为：厌氧状态（DO = 2mg/L），实验温度分别控制为20℃、30℃，以模拟武汉市春秋两季（中温）、夏季（高温）时湖泊污染物释放量最大时的状态。由于自然状态下湖泊的酸碱条件变化不大，基本维持在中性条件，因此，模拟实验未将其作为控制参数。

将4个监测点采集的11个样筒编号，分别测量各样筒底泥及上覆水深度。控制样品条件如表6-1所示：

表6-1　　　　　　　　　　　　　　样品控制条件

编号	1#	2#	3#	4#	5#	6#	7#	8#	9#	10#	11#
样品来源	庙湖			鹰窝湖			郭郑湖			南湖	
温度（℃）	20	30	30	20	30	20	30	30	20	30	30
溶解氧（mg/L）	2	2	2	2	2	2	2	2	2	2	2
底泥深度（cm）	28.9	31.6	18	21.9	22.8	20.0	22.5	18	22.1	23.1	21
上覆水深度（cm）	31.1	28.4	37	38.1	37.2	40.0	37.5	37	37.9	36.9	34

其中，1#、2#样品为夏季第一次采集（时间为2011年7月19日），4#、5#、6#、7#、9#、10#样品为夏季第二次采集（时间为2011年9月14日），3#、8#、11#样品为春季采集（时间为2012年4月18日）。

6.2 实验结果与分析

6.2.1 庙湖

如图 6-1 所示，1#、2#、3#样品 TN 浓度周期性上升，峰值浓度均为初始浓度的 2 倍；1#、2#样品在 15 天内出现 4 个小幅的释放周期，3#样品在 15 天内出现一个释放周期。表明在厌氧状态下，无论中温或高温，庙湖底泥均向上覆水周期性持续释氮。

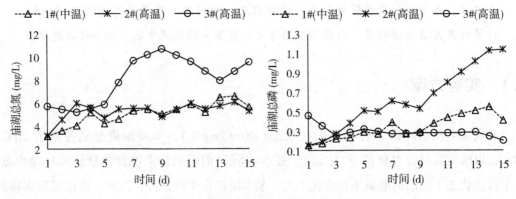

图 6-1　庙湖样品上覆水浓度变化曲线

1#、2#样品 TP 浓度周期性上升，15 天内出现 3 个不断递增的释放周期；3#样品 TP 初始浓度较高，呈现升-降交替的动态变化，实验周期末 TP 浓度低于初始浓度，上覆水向底泥沉积磷。表明在厌氧状态下，TP 浓度为 0.1mg/L 的庙湖样品，无论中温或高温均向上覆水周期性持续释磷；而 TP 浓度为 0.4~0.5mg/L 的庙湖样品，高温条件下上覆水向底泥沉积磷，可初步判定庙湖上覆水磷沉积的临界浓度在 0.1~0.5mg/L。

3#样品为 2012 年春季采集，TN、TP 浓度远远高于 1#、2#样品。庙湖 2012 年春季湖水 TP 浓度是 2011 年夏季的 3 倍，2012 年春季湖水 TN 浓度是 2011 年夏季的 2 倍，可推测出清淤对湖泊底泥的扰动使得底泥污染释放加剧，湖水 TP 浓度上升到达其沉积的临界浓度，根据"5.4 研究结论"可知庙湖底泥 TP 间隙水-湖水浓度呈现逆梯度浓度，因此，3#样品出现上覆水向底泥沉积磷。

6.2.2 鹰窝湖

如图 6-2 所示，4#、5#样品 TN 浓度始终高于初始浓度（湖水 TN 浓度），实验周期内持续上升，在第 10~11 天达到峰值，峰值浓度约为初始浓度的 3 倍。表明在厌氧状态下，中温和高温条件下鹰窝湖底泥向上覆水持续释氮。

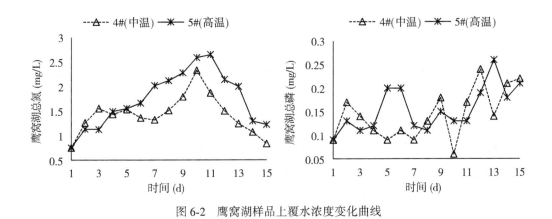

图 6-2　鹰窝湖样品上覆水浓度变化曲线

4#样品 TP 浓度呈现升-降交替的动态变化，15 天内呈现多个释放周期；5#样品 TP 浓度呈现周期性上升，15 天内呈现 2 个释放周期，而且释放周期的峰值呈现递增趋势。表明在厌氧状态下，鹰窝湖底泥向上覆水释磷，但不同温度条件下的释磷周期不一致：中温条件下底泥与上覆水之间磷的释放和沉积交替进行，释磷现象不显著；高温条件下底泥持续向上覆水释磷。

6.2.3　郭郑湖

如图 6-3 所示，6#、7#、8#样品 TN 浓度持续上升并在第 10 天左右达到峰值，峰值浓度约为初始浓度的 3 倍，15 天内均出现一个释放周期。表明在厌氧状态下，无论是在中温或是高温条件下，郭郑湖底泥均向上覆水持续释氮。

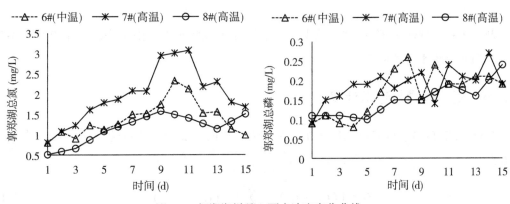

图 6-3　郭郑湖样品上覆水浓度变化曲线

6#、7#、8#样品 TP 浓度持续上升，峰值浓度约为初始浓度的 2.5 倍，15 天内出现 3~4 个释放周期。表明在厌氧状态下，无论中温或是高温条件下，郭郑湖底泥均向上覆水持续释磷。

6.2.4　南湖

如图 6-4 所示，9#、10#样品 TN 浓度先上升再下降，15 天内呈现 1 个释放周期，至实验周期末 TN 浓度低于初始浓度，上覆水向底泥沉积氮，9#样品沉积现象比较显著；11#样品 TN 浓度持续上升，实验周期内 TN 持续释放。表明在厌氧状态下，春季南湖底泥向上覆水释氮显著，夏季南湖底泥与上覆水间产生 TN 释放-沉积的动态变化，中温条件下氮沉积现象较显著。

11#样品是 2012 年春季采集的，南湖底泥秋冬季沉积了大量氮，在高温条件下不断释氮，导致 11#样品上覆水 TN 浓度持续升高；而 9#、10#样品在实验前 10 天持续释氮，第 10 天后 TN 持续下降，出现氮沉积现象，因此可以初步认为第 10 天的 TN 浓度 8.7mg/L 和 9.7mg/L，即分别为在中温和高温阶段南湖上覆水向底泥沉积的临界浓度。

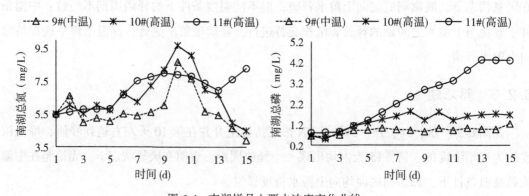

图 6-4　南湖样品上覆水浓度变化曲线

9#、10#、11#样品 TP 浓度持续上升。表明在厌氧状态下，南湖底泥在中温及高温条件下，均向上覆水持续释磷。

6.2.5　氮、磷释放速率计算

根据公式(6-1)、(6-2)计算 11 个样品 TN、TP 的释放量和释放速率(表 6-2、表 6-3、图 6-5)。

$$Q = V(C_n - C_0) + \sum_{j=1}^{n} V_{j-1}(C_{j-1} - C_a) \tag{6-1}$$

$$R_i = \frac{Q_i}{A \cdot t_i} \tag{6-2}$$

式中：Q ——氮、磷的释放量，mg；

    L ——上覆水体积，L；

    C_o、C_n、C_{j-1} ——初始、第 n 次、第 $j-1$ 次采样时氮、磷的浓度，mg/L；

    C_a ——添加水中氮、磷的浓度，mg/L；

    V_{j-1} ——第 $j-1$ 次采样体积，L；

    A ——与水接触的沉积物的面积，m²；

    t_i ——释放达到平衡所需要的时间，d。

表 6-2   **总氮日均释放速率表**

TN 释放速率(mg/m²d)	夏秋中温	夏季高温	春季高温
鹰窝湖	51	81	/
郭郑湖	47	102	69
庙湖	177	185	255
南湖	−11	64	170

表 6-3   **总磷日均释放速率表**

TP 释放速率(mg/m²d)	夏秋中温	夏季高温	春季高温
鹰窝湖	3	7	/
郭郑湖	8	9	5
庙湖	21	44	−11
南湖	30	71	149

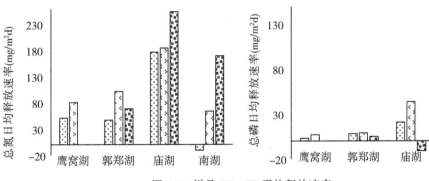

图 6-5 样品 TN、TP 平均释放速率

各湖泊氮、磷释放速率排序如下：

TN：庙湖>南湖>郭郑湖>鹰窝湖；

TP：南湖>庙湖>郭郑湖>鹰窝湖。

湖泊污染越重，氮、磷释放速率越大，计算结果基本符合这一规律。

6.3　研究结论

(1)研究结果表明，各湖泊氮、磷释放速率与湖泊污染程度成正比。

(2)在厌氧状态下，各湖泊样品均呈现显著底泥氮释放，污染程度不同的湖泊底泥氮释放周期不同；在厌氧状态下，各湖泊样品大多呈现底泥磷释放现象，污染程度较重的湖泊样品底泥释磷现象更显著。

(3)湖泊污染程度最重的南湖实验前期表现为底泥氮释放，实验后期表现为上覆水氮沉积，初步确定其上覆水沉积氮的临界浓度，但有待进一步研究。湖泊污染程度较重的庙湖高温条件下上覆水向底泥沉积磷，可初步判定庙湖在底泥间隙水-上覆水逆浓度梯度条件下，上覆水磷沉积的临界浓度在 0.1~0.5mg/L。

第7章 底泥释放影响因子研究

导读：为了深化研究成果，本章开展了对释放模拟实验后的底泥样品的 TN、TP 分析，探讨温度、溶解氧对底泥释放的影响，同时进行了底泥中七种形态磷（其中包括：Ex-P、Al-P、Fe-P、Oc-P、ACa-P、De-P 和 Or-P）的分级提取工作，进而了解湖泊底泥的氮、磷在释放过程中的迁移转化规律。

7.1 实验方案

底泥分析工作根据实验进程分两个阶段进行，第一阶段分析对象为 2011 年 9 月份鹰窝湖、郭郑湖和南湖完成模拟实验的底泥（实验控制条件为：厌氧（DO = 2mg/L），温度分别控制在 20℃（中温）、30℃（高温））。用虹吸法抽去柱状底泥的上覆水，将底泥混合，处理后进行 TN 和 TP 的分析以及底泥中七种形态磷的连续分级提取。

第二阶段工作在第一阶段分析工作的基础上进行了调整和改进。本次底泥分析对象为郭郑湖、庙湖和南湖完成模拟实验的底泥（实验控制条件为：温度为 30℃（高温），pH 为中性（pH = 7），溶解氧分别为好氧（DO = 8mg/L）和厌氧（DO = 2mg/L））。用虹吸法抽去柱状底泥的上覆水，将底泥按 5cm 分一层，共取 3 层，即 0～5cm、5～10cm、10～15cm，处理后进行 TN 和 TP 的分析以及底泥中七种形态磷的连续分级提取。

7.2 温度对底泥释放影响的研究

7.2.1 实验结果

7.2.1.1 底泥 TN、TP 分析结果

鹰窝湖、郭郑湖和南湖底泥样品 TN 和 TP 的分析结果见图 7-1。

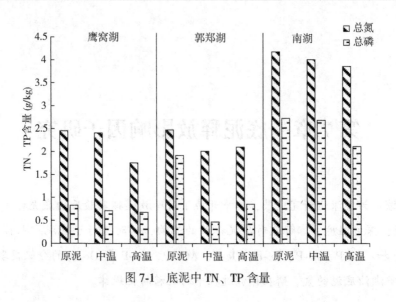

图 7-1 底泥中 TN、TP 含量

7.2.1.2 底泥中不同赋存形态的磷的分析结果

鹰窝湖、郭郑湖和南湖底泥样品中七种形态磷的连续分级提取实验数据见图 7-2。

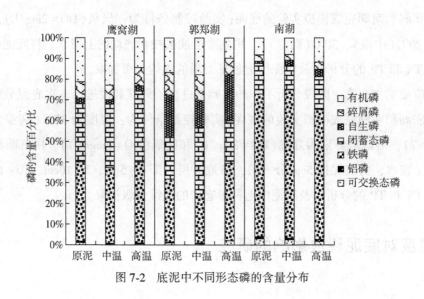

图 7-2 底泥中不同形态磷的含量分布

7.2.2 实验数据统计与分析

7.2.2.1 温度对底泥 TN 的影响

图 7-3 为鹰窝湖、郭郑湖和南湖经过释放模拟实验后，底泥样品 TN 的变化情况。

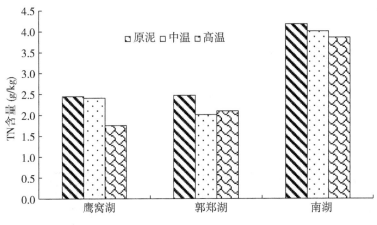

图 7-3 不同温度条件下底泥中 TN 含量

通过分析实验前后鹰窝湖、郭郑湖和南湖的底泥样品 TN 含量，可以发现在两种温度条件下，TN 含量均有所减少，说明在厌氧状态下，底泥中的氮向上释放，底泥氮的释放程度总体随温度升高而增大，与前期底泥模拟释放对上覆水中 TN 浓度变化研究得出的结论一致。

值得关注的是，温度升高不仅可以通过增强底泥释氮程度使上覆水中 TN 浓度升高，而且能促使污染程度重的湖泊提前完成释放周期。

与原始泥样相比，在中温和高温条件下，鹰窝湖底泥中 TN 含量分别降低了 1.7% 和 28.3%；南湖底泥中 TN 含量分别降低了 4.2% 和 8.4%。鹰窝湖和南湖底泥中氮的释放量的差异，与相同条件下上覆水中 TN 浓度变化情况一致，实验周期末南湖已提前转为沉积状态，而鹰窝湖在整个实验周期内均表现为释放状态。从表 7-1 可以看出，南湖受污染相对最严重，湖水与底泥中氮元素含量也最高，可能是由于其湖水与底泥中氮元素具有较小的浓度梯度，因此可以更快达到平衡状态，从而缩短了氮的释放周期。

表 7-1 湖泊水体和底泥中 TN 的含量

湖泊名称	水质 TN(mg/L)	底泥 TN(g/kg)
鹰窝湖	0.7488	2.449
郭郑湖	0.7980	2.475
南湖	5.5025	4.178

郭郑湖底泥氮的释放受温度影响差异不显著。中温和高温条件下 TN 的含量分别降低了 18.7%、15.2%。

7.2.2.2 温度对底泥 TP 的影响

经过释放模拟实验后，鹰窝湖、郭郑湖和南湖底泥中磷的含量变化情况见图 7-4。

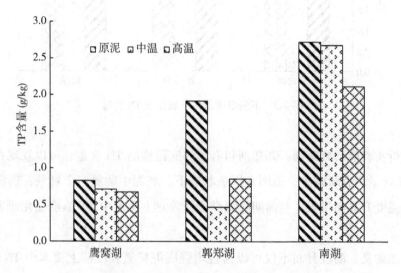

图 7-4 不同温度条件下底泥中 TP 含量

鹰窝湖、郭郑湖和南湖底泥中磷的变化与氮有相同之处：厌氧状态下，底泥中的磷向上释放；温度升高，磷的释放程度基本都在增大。这与上覆水 TP 浓度变化情况一致：无论中温条件或高温条件下，上覆水 TP 浓度均持续升高。

7.2.2.3 温度对底泥中不同赋存形态磷的影响

底泥中能参与界面交换及生物可利用磷的量取决于底泥中磷的形态（徐康等，2011）。对不同形态磷的研究既可以让人们了解各形态磷的潜在活性，又可以判断底泥磷的来源（Ruban et al.，2001），因此对底泥中磷形态的研究具有重要意义。

鹰窝湖、郭郑湖和南湖各底泥样品中不同形态的磷占总磷含量的比例见表 7-2。表 7-3 为底泥中磷不同赋存形态的释放量，计算公式为：释放量=原始底泥中各种磷的含量−样品中各种磷的含量。

表 7-2 底泥中不同形态的磷的含量占总磷的比例(%)

编号		TP(g/kg)	Ex-P	Al-P	Fe-P	Oc-P	ACa-P	De-P	Or-P	其他
鹰窝湖	原泥	0.829	0.72	0.48	26.30	19.30	1.81	5.43	14.60	31.36
	中温	0.713	0.28	0.28	26.07	21.87	1.54	5.05	16.26	28.65
	高温	0.676	0.30	0.30	26.04	22.79	1.78	5.92	9.47	33.41
郭郑湖	原泥	1.917	1.67	0.10	31.77	17.37	18.83	6.89	8.19	15.18
	中温	0.469	0.43	0.43	21.75	29.42	11.73	11.51	16.20	8.53
	高温	0.854	0.94	0.35	27.87	18.38	18.74	9.95	15.22	8.55
南湖	原泥	2.722	2.76	0.92	62.78	13.45	1.03	2.76	7.38	8.93
	中温	2.678	2.20	0.75	63.10	10.45	2.28	2.39	6.98	11.85
	高温	2.114	1.09	0.61	40.45	10.17	2.37	2.27	7.47	35.57

表 7-3 不同形态的磷的释放量(g/kg)

编号		Ex-P	Al-P	Fe-P	Oc-P	ACa-P	De-P	Or-P
鹰窝湖	中温	0.004	0.002	0.032	0.004	0.004	0.009	0.005
	高温	0.004	0.002	0.042	0.006	0.003	0.005	0.057
郭郑湖	中温	0.030	0.000	0.507	0.195	0.306	0.078	0.081
	高温	0.024	−0.001	0.371	0.176	0.201	0.047	0.027
南湖	中温	0.016	0.005	0.019	0.086	−0.033	0.011	0.014
	高温	0.052	0.012	0.854	0.151	−0.022	0.027	0.043

(1)由表7-3可见，底泥中各形态磷都有不同程度的释放：鹰窝湖、郭郑湖和南湖平均有60%以上Ex-P释放出来；三个湖泊原始底泥中Al-P的含量较低，且底泥中Al-P释放量也比较小，可以认为Al-P对湖泊富营养化的贡献不大；鹰窝湖ACa-P和De-P释放量相当小，南湖甚至发生ACa-P沉积的现象，郭郑湖50%以上ACa-P和De-P发生释放；三个湖泊中Fe-P、Or-P和Oc-P的释放量相比其他形态的磷明显更大，其中Fe-P的释放量较其他磷更大，可见温度升高有利于Fe-P的释放。

(2)随着实验温度的升高，Fe-P、Or-P和Oc-P释放量有所增大，这种现象在污染程度重的南湖尤为突出，而鹰窝湖和郭郑湖则表现不明显。

7.3 溶解氧对底泥释放影响的研究

前面实验在进行底泥氮、磷含量分析时，分析的是对各泥样的混合样品，结果即为各样品中氮、磷的平均含量。经过研究表明，若需要了解氮、磷在释放过程中在垂直方向上的迁移变化规律，则需对底泥分层后再进行分析。因此，在本阶段实验中，将考虑对底泥样品进行分层处理后再进行氮、磷含量的分析。

7.3.1 实验结果

各湖底泥样品不同形态的磷的分析结果见图 7-5～图 7-7。

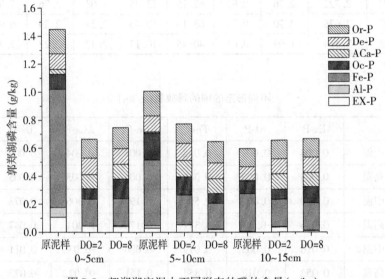

图 7-5 郭郑湖底泥中不同形态的磷的含量（g/kg）

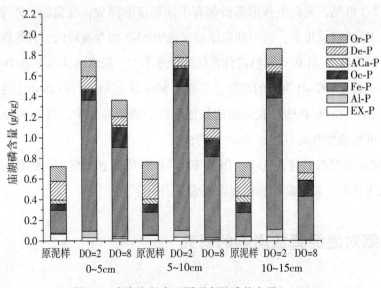

图 7-6 庙湖底泥中不同形态的磷的含量（g/kg）

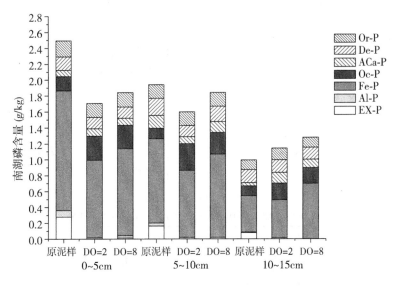

图 7-7 南湖底泥中不同形态的磷的含量(g/kg)

7.3.2 实验数据统计与分析

7.3.2.1 对底泥中 TN 的影响

图 7-8 分别描述了实验前后郭郑湖、庙湖、南湖 0~15cm 底泥中 TN 含量的垂直变化情况。总的来说，不论在厌氧条件下还是在好氧条件下，底泥中 TN 都释放，在厌氧状态下释放得更加剧烈。

主要是由于在厌氧状态下，硝化作用受到抑制，反硝化作用强烈，促进了底泥 NH_3-N 的释放，并且在缺氧的状态下，铁、锰氧化物也可以作为 NH_3-N 氧化的电子受体，产生 N_2O、NO、N_2 等气体化合物，从而导致氮的损失(吴又先，1995)。而在好氧状态下，硝化细菌能够进行硝化作用，上覆水和底泥氧化层中的 NH_3-N 易被表面的硝化细菌氧化为 NO_2-N 和 NO_3-N，NO_3-N 一方面可以被动植物所吸收利用，另一方面也可以通过反硝化作用发生损失，但是由于厌氧微生物对氮的需求量小，以 NH_3-N 的形态释放的无机氮通常比好氧状态下多(Moore et al.，1992)，所以虽然好氧和厌氧状态下均可进行氮的释放，但是厌氧状态下 TN 的释放更强。

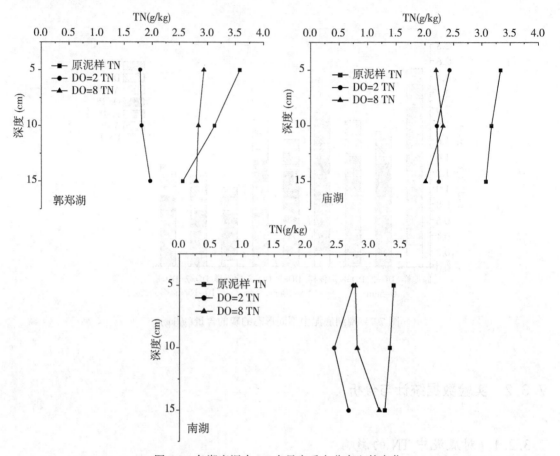

图 7-8　各湖底泥中 TN 含量在垂向分布上的变化

7.3.2.2　对底泥中 TP 的影响

图 7-9 反映了实验前后郭郑湖、庙湖、南湖 0～15cm 深度下 TP 变化情况。总的来说，郭郑湖的 TP 在好氧和厌氧条件下都释放，并且厌氧状态下降低得更剧烈；庙湖 TP 含量在好氧和厌氧条件下都沉积，并且厌氧状态下沉积更显著；南湖 0～5cm 的 TP 在好氧和厌氧状态下都释放，无明显差异，但在 5～10cm、10～15cm 的 TP 含量较原泥均不同程度升高，厌氧状态升高幅度更明显。

郭郑湖和南湖表层(0～5cm)底泥在好氧和厌氧状态下都发生释放，厌氧状态下释放得更剧烈。这主要是因为在缺氧环境下，底泥中磷的重要形态 Fe-P，容易发生 Fe^{3+} 到 Fe^{2+} 转化的化学反应，Fe-P 表面的 $Fe(OH)_3$ 保护层转化为 $Fe(OH)_2$，可使与铁结合的磷大量释放至水体，有利于底泥中磷的释放(Ingall et al., 1994)。同时，在富氧环境下，底泥也会发生磷的释放，但释放的速度和释放量要比缺氧环境下小得多，富氧环境磷的释放机制主要是底泥的矿化以及有机物质的好氧分解,将有机磷转化为无机磷释放出来(许轶群等,2003)。

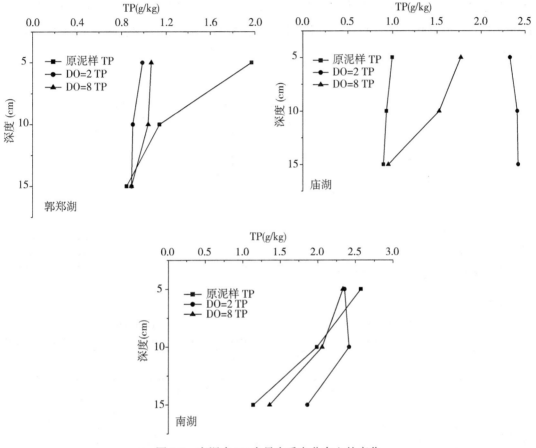

图 7-9 底泥中 TP 含量在垂向分布上的变化

　　庙湖之所以出现 TP 沉积,是由于间隙水中 TP 的含量较低,而原始底泥和湖水中 TP 的含量都较高,导致湖水 TP 向间隙水扩散转移,从而出现这种沉积现象。有些学者也得出类似的结论:在白洋淀底质磷的释放研究中发现,当湖水中磷含量高于底质磷释放临界浓度时,总的表现是以沉积为主(罗玉兰,2007)。这也就说明底泥中磷元素释放不是无条件进行的,而是受到浓度差及临界浓度的双重影响。

7.3.2.3　对底泥中不同赋存形态磷的影响

1. 郭郑湖

　　图 7-10 描述了实验前后郭郑湖底泥中不同形态磷含量的垂向分布变化情况。从整体趋势上来说,厌氧和好氧状态下 Ex-P、Al-P、Fe-P、Oc-P、Or-P 的含量都是降低的,呈

现释放状态，而 ACa-P、De-P 的含量无论在好氧还是厌氧状态下都有所上升。

这说明郭郑湖底泥 TP 的释放由不同赋存形态磷的变化导致。厌氧状态和好氧状态都有利于 Ex-P、Al-P、Fe-P、Oc-P、Or-P 的释放，并且厌氧更有利。ACa-P 和 De-P 含量都有少量上升，但影响不大。总之，郭郑湖 Ex-P、Al-P、Fe-P、Oc-P、Or-P 的释放导致了 TP 的释放。

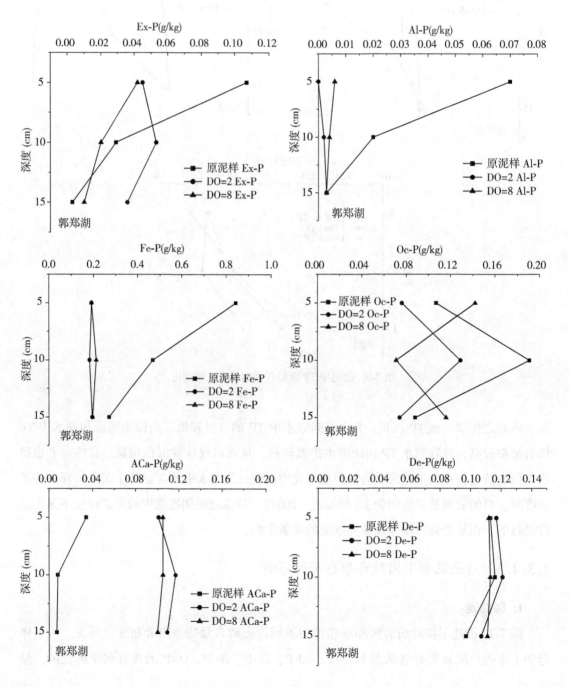

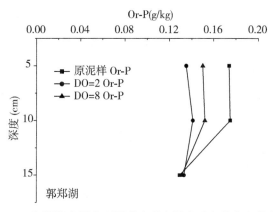

图 7-10 郭郑湖底泥中不同形态磷含量在垂向分布上的变化

2. 庙湖

图 7-11 描述了实验前后庙湖底泥中不同形态磷含量的垂向分布变化情况。从整体趋势上来说，庙湖在厌氧和好氧状态下，Ex-P、ACa-P、De-P 含量都是减小的，而 Al-P、Fe-P、Oc-P 含量都增加，Or-P 含量变化趋势不明显。

这说明庙湖底泥 TP 的沉积主要是由 Al-P、Fe-P、Oc-P 含量增加所导致的，Ex-P、De-P、ACa-P 含量虽然是降低的，但是由于 Ex-P 含量很小，加上 De-P、ACa-P 性质很稳定，变化幅度很小，对 TP 的影响不大，除此之外，Or-P 的变化不大，所以底泥 TP 的整体趋势是上升的。

3. 南湖

图 7-12 描述了实验前后南湖底泥中不同形态磷含量的垂向分布变化情况。从整体趋势上来说，在厌氧和好氧状态下，南湖的 Ex-P、Al-P、Fe-P、De-P 含量在降低，Oc-P 含量在升高，ACa-P、Or-P 含量变化趋势不明显。

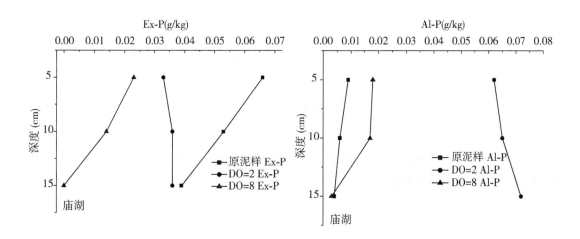

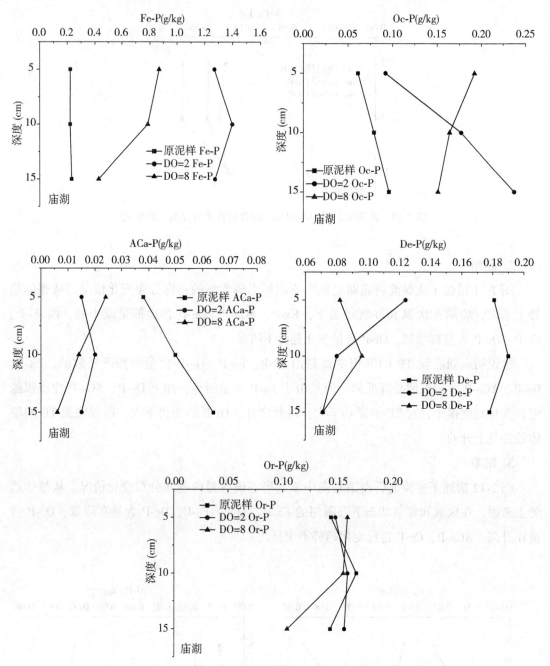

图 7-11　庙湖底泥中不同形态磷含量在垂向分布上的变化

南湖在厌氧和好氧状态下底泥 TP 释放发生在 0~5cm 层，而这主要是由于 Ex-P、Al-P、Fe-P、De-P 的释放导致的。

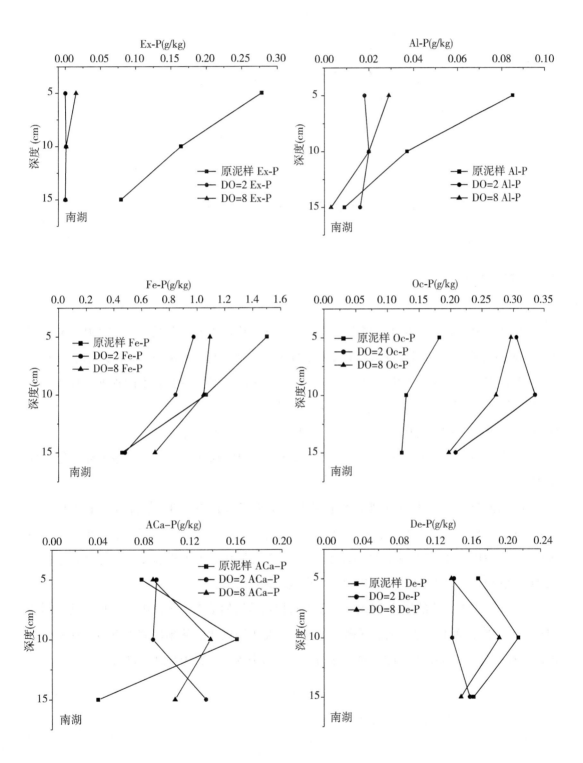

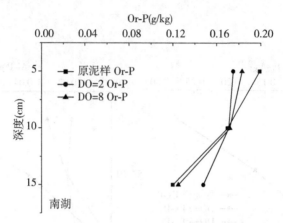

图 7-12　南湖底泥中不同形态磷含量在垂向分布上的变化

7.4　研究结论

（1）在厌氧状态下，温度升高不仅可以通过增强底泥的释氮程度使上覆水中 TN 浓度升高，而且能促使污染程度重的湖泊提早完成释放周期，与上覆水中 TN 浓度变化一致。

（2）底泥中磷的含量变化规律和氮基本一致，底泥各形态磷都有不同程度的释放，其中 Fe-P 的释放量较其他磷更大，可见厌氧状态有利于 Fe-P 的释放；温度升高对 Fe-P、Or-P 和 Oc-P 释放的促进作用比较明显，尤其在污染程度重的南湖中表现更突出。

（3）高温条件下，无论是厌氧还是好氧湖泊底泥 TN 都释放，厌氧状态下释放得更加剧烈。

（4）高温条件下，未清淤湖泊无论在厌氧还是好氧状态下 TP 都释放，主要来源是 Ex-P、Al-P、Fe-P 这些生物活性磷的释放，并且这些磷在厌氧状态下释放程度更大；清淤湖泊在厌氧和好氧状态下底泥 TP 都在沉积，并且厌氧状态下沉积程度大于好氧状态，底泥 TP 的沉积主要是由 Al-P、Fe-P、Oc-P 含量增加所导致的。

（5）底泥中氮、磷的释放-沉积是一个不断相互转换的动态平衡，平衡一旦打破，则会向有利方转换，而维持这一动态平衡的关键就是泥水浓度比。从本研究可看出，现阶段底泥内源释放应是东湖的主要污染源，南湖的主要污染源则主要来自外源排放。

第8章　城市湖泊底泥氮、磷释放的
水环境影响

导读：城市发展对湖泊面积的减少造成极为显著的影响，通过分析典型城市湖泊底泥氮、磷释放的水环境影响，建议在实施城市湖泊水质改善和水体修复工程中，将提高水体溶解氧浓度作为一切措施的基础，增加应对气温骤升极端天气的水体修复应急措施，是治理工程持续效果的保证，而利用氮、磷释放-沉积平衡关系，根据底泥间隙水与湖水的浓度差，逐步降低湖水沉积临界浓度，是解决底泥氮、磷释放的根本途径。

8.1　城市化发展导致湖泊面积减少

武汉市湖泊近百年来的变化过程主要受人为活动的影响，但不同阶段不同区域的影响方式不尽相同。新中国成立以后的水利工程建设在抵御洪水的同时，也切断了武汉市湖泊与大的江河水系之间的联系，促进了湖区的围垦与开发。其中1950—1970年代的围湖造田，是造成武汉市湖泊面积减少最为明显的阶段。1980年以后的城市建设开发造成了主城区湖泊面积的明显减少，从减少的面积上来看，幅度相对较小，但从第一部分武汉城市湖泊群各水系单元的湖泊变化分析可知，1950—2020年间，全市12大水系湖泊面积减少部分主要以被改变为农田、鱼塘和城镇用地为主，具体情况见表8-1。

表8-1　　　　　　　　1950—2020年武汉市主要水系湖泊面积减少一览表

水系名称	湖泊面积减少总量（km²）	其中：鱼塘（km²）	其中：农田（km²）	其中：城镇用地（km²）	变为城镇用地面积占面积减少总量的比例（%）
涨渡湖	163.8	54.98	94.78	9.01	5.5
武湖	225.15	58.6	151.2	10.8	4.8

水系名称	湖泊面积减少总量（km²）	其中：鱼塘（km²）	其中：农田（km²）	其中：城镇用地（km²）	变为城镇用地面积占面积减少总量的比例(%)
童家湖-后湖	69.4	41.2	16.9	10.7	15.4
东西湖-后湖	282.2	118.7	126.6	27.6	9.8
梁子湖	57.1	19.6	20.1	/	/
北湖	20.7	7.3	5.9	4.8	23.2
东沙湖	7.2	/	1.1	4.8	66.7
汤逊湖	49.1	17.46	9.18	18.5	37.7
墨水湖	38.0	2.9	18.4	13.5	35.5
西湖	18.9	4.5	12.6	/	/
鲁湖-斧头湖	83.3	24.7	35.9	/	/
泛区	受水利工程影响，水系湖泊面积变动较大				

由表 8-1 可知，东湖所在的东沙湖水系和南湖所在的汤逊湖水系，这两个水系湖泊减少面积不是最多，但是湖泊水面改变为城镇用地的占比却是最高的，分别达到 66.7% 和 37.7%。表明处于武汉市主城区的东湖、南湖两湖区周边城市化发展水平较高，湖泊受城市化的影响也较大。

由前面的研究知，1995—2020 年间与 1970—1995 年间相比，1995—2020 年的 25 年时间内由湖泊改造为建设用地面积是 1970—1995 年的 1.83 倍以上，可见城市发展对湖泊面积减少的影响造成极为显著的影响。虽然城市建设在该阶段对湖泊面积减少的影响没有农业开发的影响大，但城市湖泊水体往往面积更小，环境容量(环境承载力)有限且周边的污染压力更大，因而对湖泊的影响可能更为深远。

8.2　城市化发展突显湖泊内源污染问题

随着城市化进程的不断深入，城市基础建设日益完善，污水收集率与处理率不断提升，城市湖泊外源污染逐年减少，针对湖泊水质提升的水体修复工程逐步展开，城市湖泊内源污染也得到了一定程度的缓解，但是，湖泊的水质仍难以得到根本改善，特别是一些城市湖泊往往一场大雨或春季一场高温，使刚有所提升的水质瞬间恶化，出现水华现象，这些现象提示我们，城市湖泊的自净能力严重不足，内源释放没有得到根本遏制，城市湖泊内源污染问题突显。究其原因,主要与温度、溶解氧和底泥扰动密切相关,湖泊水体修复和水质改善工程中尤其需要关注这三个影响因子。

8.2.1 温度升高加速释放

本研究表明,湖泊底泥氮、磷释放速率受温度影响显著,温度升高促进湖泊底泥氮、磷释放;温度升高不仅可以通过增强底泥释氮程度使上覆水中氮、磷浓度升高,而且能促使污染程度重的湖泊提早完成释放周期,其中氮以 NH_3-N 释放为显著,磷以 Fe-P 释放为显著。因此,笔者认为在武汉市春季、夏季温度异常增高的极端天气会使底泥中氮、磷的释放在短时间内达到峰值,使得水质迅速恶化,水华发生概率大增,此现象在水质较好、氮、磷浓度相对较低的湖泊中表现得更显著,尤其需要引起重视。建议在实施城市湖泊水质改善和水体修复工程中,增加应对气温骤升极端天气的水体修复应急措施,保证工程的持续效果。

8.2.2 溶解氧降低促进释放

湖泊底泥氮、磷释放受溶解氧的影响规律显著,厌氧状态促进氮、磷的释放,好氧状态下氮、磷释放速率降低。主要是因为溶解氧对氧化还原电位的影响,厌氧状态下泥水界面氧化还原电位较低,氮存在状态有从氧化态向还原态转化增强的趋势,氮释放主要以 NH_3-N 释放为主;同时溶解氧通过 Fe-P 来影响底泥磷的释放过程,溶解氧较高时,Fe^{2+} 氧化成 Fe^{3+},Fe^{3+} 与磷酸盐结合形成难溶的磷酸铁,底泥磷的释放作用减弱,而在厌氧条件下氧化还原电位较低,有助于 Fe^{3+} 还原成 Fe^{2+},使 Fe-P 表面的 $Fe(OH)_3$ 保护层转化为 $Fe(OH)_2$,使 PO_4^{3-} 进入间隙水,向上覆水中扩散,促进底泥磷释放。建议在实施城市湖泊水质改善和水体修复工程中,将提高水体溶解氧浓度作为一切措施的基础,确保工程的治理效果。

8.2.3 底泥清淤抑制释放

底泥中氮、磷的释放-沉积是一个不断相互转换的动态平衡,平衡一旦打破则会向有利方转换,而维持这一动态平衡的关键就是泥水浓度差。通常情况下,底泥间隙水中氮、磷浓度高于湖水,呈现顺浓度梯度,底泥氮、磷释放,湖泊底泥清淤打破了底泥间隙水氮、磷浓度高于湖水的顺浓度差,呈现逆浓度差,释放被抑制,底泥氮、磷沉积。间隙水和湖水中氮、磷浓度差的顺、逆变化是一个动态过程,很容易受诸如温度、溶解氧、扰动等外界因素影响,一旦浓度差达到 5~8 倍,释放再次发生,可以说底泥氮、磷的释放和沉积是湖泊水体长期共存的两个过程。通过对庙湖的研究,湖水 TP 沉积临界浓度在 0.1~

0.5mg/L。清淤后的湖泊水质会有一定的提升，随后底泥氮、磷释放-沉积达到平衡，此时如没有辅以其他水质提升措施，湖泊水质较难进一步得到改善，利用氮、磷释放-沉积平衡关系，根据底泥间隙水与湖水的浓度差，逐步降低湖水沉积临界浓度，将是解决底泥氮、磷释放的根本途径。

参 考 文 献

[1]杨朝飞. 中国湿地现状及其保护对策[J]. 中国环境科学, 1995(6): 407-412.

[2]WANG J L, CAI X B, CHEN F, et al. Hundred-year spatial trajectory of lake coverage changes in response to human activities over Wuhan[J]. Environmental Research Letters, 2020, 15(9).

[3]金伯欣. 江汉湖群综合研究[M]. 武汉: 湖北科学技术出版社, 1992.

[4]王苏民, 窦鸿身. 中国湖泊志[M]. 北京: 科学出版社, 1998.

[5]黄炽卿. 湖北省测绘志 1979—2005[M]. 北京: 测绘出版社, 2010.

[6]武汉地方志编纂委员会. 武汉市志总类志[M]. 武汉: 武汉出版社, 1998.

[7]曾凡荣. 湖北水利志[M]. 北京: 中国水利水电出版社, 2000.

[8]武汉市水务局. 武汉湖泊志[M]. 武汉: 湖北美术出版社, 2014.

[9]汪海涛, 沙茜, 余怡, 等. 城市化对湖泊生态环境的影响——以武汉市东湖、南湖为例[C]. 中国环境科学学会学术年会论文集(2013), 昆明: 中国学术期刊(光盘版)电子杂志社, 2013: 5814-5820.

[10]许学强, 周一星, 宁越敏. 城市地理学[M]. 2版. 北京: 高等教育出版社, 2009.

[11]宏林. 城市化进程中的生态环境评价及保护[D]. 上海: 东华大学, 2008.

[12]魏力强. 城市化带来的环境问题[J]. 长春大学学报, 2003, 13(6): 30-32.

[13]宋磊. 湖北省城市化与生态环境耦合关系研究[D]. 武汉: 华中农业大学, 2007.

[14]黎海林, 张洪, 金杰. 昆明城市化进程及对滇池水环境的影响研究[J]. 安徽农业科学, 2012, 40(9): 5493-5495, 5498.

[15]武汉市统计局. 2001—2011 年武汉市统计年鉴[Z]. 2002-2012.

[16]骆正清, 杨善林. 层次分析法中几种标度的比较[J]. 系统工程理论与实践, 2004 (9): 51-60.

[17]刘耀彬, 宋学锋. 城市化与生态环境的耦合度及其预测模型研究[J]. 中国矿业大学学报, 2005, 34(1): 91-961.

[18]万继伟. 新通扬运河水质污染评价及防治对策研究[D]. 苏州: 苏州大学, 2008.

[19]刘耀彬，李仁东，宋学锋．城市化与城市生态环境关系研究综述与评价[J]．中国人口·资源与环境，2005，15(3)：55-60.

[20]闫新华，赵国浩．环境库兹涅茨曲线及其影响因素分析[J]．煤炭经济研究，2009(12)：37-40.

[21]周新萌．武汉东湖水环境质量现状及水污染防治对策[C]．北京：中国环境科学学会学术年会论文集，2009：273-274.

[22]刘耀彬，宋学锋．城市化与生态环境的耦合度及其预测模型研究[J]．中国矿业大学学报，2005，34(1)：91-96.

[23]李文红，陈英旭，孙建平．不同溶解氧水平对控制底泥向上覆水体释放污染物的影响研究[J]．农业环境科学学报，2003，22(2)：170-173.

[24]沙茜，蔡联浪，章牧，等．底泥采样、实验一体化装置：中国，200920086643[P]．2010-02-24.

[25]商卫纯，潘培丰，蒋海滨，等．城市浅水型湖泊底泥污染物释放过程模拟试验研究[J]．环境污染与防治，2007，29(8)：602-604.

[26]中国环境保护总局《水和废水监测分析方法》编委会．水和废水监测分析方法[M]．4版．北京：中国环境科学出版社，2002.

[27]CHANG S C, JACKSON M L. Fractionation of soil phosphorus[J]. Soil Sci, 1957, 84: 133-144.

[28]PETERSON G W, et al. A modified Chang and Jackson procedure for routine fractionation of inorganic soil phosphorus[J]. Soil Sci Soc Amer Proc, 1966, 30: 563-565.

[29]顾益初，蒋柏藩．石灰性土壤无机磷分级的测定方法[J]．土壤，1990，22(2)：101-102.

[30]RUTTENBERG K C. Development of a sequential extraction method for different forms of phosphorus in marine sediments[J]. Limnol Oceanol, 1992, 37(7): 1460-1482.

[31]李悦，乌大年，薛永先．沉积物中不同形态磷提取方法的改进及其环境地球化学意义[J]．海洋环境科学，1998，17(1)：15-20.

[32]李剑超．河湖底泥有机污染物迁移转化规律研究[D]．南京：河海大学，2002.

[33]黄清辉，王东红，王春霞，等．沉积物中磷形态与湖泊富营养化的关系[J]．中国环境科学，2003，23(6)：583-586.

[34]朱广伟，高光，秦伯强，等．浅水湖泊沉积物中磷的地球化学特征[J]．水科学进展，2003，14(6)：714-719.

[35]周帆琦，沙茜，张维昊，等．武汉东湖和南湖沉积物中磷形态分布特征与相关分析

[J]. 湖泊科学, 2014, 26(3): 401-409.

[36] ZHOU Q, GIBSON C E, ZHU Y. Evaluation phosphorus bioavailability in sediment of three contrasting lakes in China and the UK[J]. Chemosphere, 2001, 42(2): 221-225.

[37] 朱广伟, 秦伯强, 高光, 等. 长江中下游浅水湖泊底泥中磷的形态及其与水相磷的关系[J]. 环境科学, 2004, 24(3): 381-388.

[38] ZHU G, QIN B, ZHANG L, et al. Geochemical forms of phosphorus in sediments of three large shallow lakes of China[J]. Pedoqhere, 2006, 16(6): 726-734.

[39] QIN B. Hydrodynamics of lake taihu, China[J]. Ambio, 1999, 28(8): 669-673.

[40] HISAHI J. Fractionation of phosphorus and releasable fraction in sediment mud of Osaka Bay [J]. Bull Jap Soc Sci Fish, 1983, 49(4): 447-454.

[41] 吴峰炜, 汪福顺, 吴明红, 等. 滇池、红枫湖沉积物中总磷、分态磷以及生物硅形态与分布特征[J]. 生态学杂志, 2009, 28(1): 88-94.

[42] RUBAN V, BRIGAULT S, DEMARE D, et al. Selection and evaluation of sequential extraction procedures for the determination of phosphorus forms in lake sediment[J]. Journal of Environmental Monitoring, 1999, 1: 51-56.

[43] GOMEZ E, DURILLON C, ROFES G, et al. Phosphate adsorption and release from sediments of brackish lagoons: pH, O_2 and loading influence [J]. Water Research, 1999, 33(10): 2437-2447.

[44] 傅庆红, 蒋新. 湖泊沉积物中磷的形态分析及其释放研究[J]. 四川环境, 1994, 13 (4): 21-24.

[45] 李宝, 范成新, 丁士明, 等. 滇池福保湾沉积物磷的形态及其与间隙水磷的关系[J]. 湖泊科学, 2008, 20(1): 27-32.

[46] 邹丽敏. 城市浅水湖泊沉积物中典型污染物形态分析及复合关系研究[D]. 南京: 河海大学, 2008.

[47] 朱广伟, 秦伯强. 沉积物中磷形态的化学连续提取法应用研究[J]. 农业环境科学学报, 2003, 22(3): 349-352.

[48] RUBAN V, LOPEZ-SANCHEZ J F, PARDO P, et al. Harmonized protocol and certified reference material for the determination of extractable contents of phosphorus in freshwater sediments—A synthesis of recent works[J]. Fresenius J Anal Chem, 2001, 370: 224-228.

[49] 秦伯强, 范成新. 大型浅水湖泊内源营养盐释放的概念性模式探讨[J]. 中国环境科学, 2002, 22(2): 150-153.

[50] 徐康, 刘付程, 安宗胜, 等. 巢湖表层沉积物中磷赋存形态的时空变化[J]. 环境科

学，2011，32(11)：3255-3263.

[51] 龚春生，姚琪，范成新，等. 城市浅水型湖泊底泥释磷的通量估算——以南京玄武湖为例[J]. 湖泊科学，2006，2：179-183.

[52] 范成新，相崎守弘. 好氧和厌氧条件对霞浦湖底泥——水界面氮磷交换的影响[J]. 湖泊科学，1997，4：337-342.

[53] BOSTROM B, JANSSON M, FORSBERG C. Phosphorus release from lake sediments-Arch. Hydrobiol. Beih. Ergebn[J]. Limnol, 1982, 18：5-59.

[54] CHRISTOPHORIDIS C, FYTIANOS K. Study of the conditions affecting the release of phosphorus from the top sediments of two lakes of Northern Greece [J]. International Conference on Science and Technology, 2005, 9：222-230.

[55] 朱健，李捍东，王平. 环境因子对底泥释放 COD、TN 和 TP 的影响研究[J]. 水处理技术，2009，8(8)：44-49.

[56] 沙茜，汪海涛，张维昊. 庙湖沉积物中污染物释放的模拟研究[J]. 环境污染与防治，2012，10：1-8.

[57] 沙茜，黄婧，张维昊，等. 不同污染程度湖泊沉积物中磷释放规律研究[J]. 中国人口·资源与环境，2012，22(5)：331-334.

[58] 沙茜，何君，张维昊，等. 不同类型湖泊沉积物中氮释放规律研究[J]. 环境科学与技术，2013，36(4)：89-91，128.

[59] 孙燕，沙茜，张维昊，等. M 湖沉积物中磷释放化学行为的模拟研究[J]. 水，2012，4(3)：6-13.

[60] 沙茜，孙燕，张维昊，等. 武汉庙湖沉积物中氮释放化学行为的模拟研究[J]. 环境科学与技术，2013，36(2)：50-54.

[61] 沙茜，周帆琦，孙燕，等. 沉积物中营养物质释放的相关分析研究[J]. 环境科技，2012，25(4)：6-8，13.

[62] 商卫纯，潘培丰，蒋海滨，等. 城市浅水型湖泊底泥污染物释放过程模拟试验研究[J]. 环境污染与防治，2007，29(8)：602-604.

[63] 徐升宝，谷孝鸿，蔡春芳，等. 溶氧、水温和水流对东太湖沉积物中氮、磷释放的影响[J]. 安徽农业科学，2011，39(9)：5175-5177.

[64] 丁建华，王翠红，周新春，等. 环境因子对晋阳湖沉积物磷释放的影响[J]. 山西大学学报(自然科学版)，2008，31(4)：626-629.

[65] 张智，刘亚丽，段秀举. 湖泊底泥释磷预测模型及控制研究[J]. 安全与环境，2005(4)：1-4.

[66]杨丽原，沈吉，张祖陆，等．南四湖表层底泥重金属污染及其风险性评价[J]．湖泊科学，2003，9(3)：252-256．

[67]FRANKOWSKI L, BOLALEK J, SZOSTEK A. Nitrogen in bottom sediments of pomeranian bay (Southern Baltic-Poland) [J]. Estuarine Coastal and Shelf Science, 2002, 54(6)：1036-1049.

[68]潘成荣，张之源，叶琳琳，等．环境条件变化对瓦埠湖沉积物磷释放的影响[J]．水土保持学报，2006，20(6)：148-152．

[69]高丽，杨浩，周健民．环境条件变化对滇池沉积物磷释放的影响[J]．土壤，2005，37(2)：216-219．

[70]BANDO R. Sediments：Chemistry and toxicity of in-place pollutants[J]. Michigan：Lewis Publisher, 1990：131-144.

[71]陈蓓．南宁市南湖沉积物磷释放研究[J]．南方国土资源，2008(9)：66-68．

[72]徐康，刘付程，安宗胜，等．巢湖表层沉积物中磷赋存形态的时空变化[J]．环境科学，2011，32(11)：3255-3263．

[73]RUBAN V, LOPEZ-SANCHEZ J F, PARDO P, et al. Harmonized protocol and certified reference material for the determination of extractable contents of phosphorus in freshwater sediments-A synthesis of recent works[J]. Fresenius J Anal Chem, 2001, 370：224-228.

[74]吴又先．土壤氧化还原过程及其生态效应[J]．土壤学进展，1995，23(4)：32-37．

[75]MOORE P A, REDDY K R, GRAETZ D A. Nutrient transformations in sediments as influenced by oxygen supply[J]. Journal of Environmental Quality, 1992, 21：387-393.

[76]INGALL E, JAHNKE R. Evidence for enhanced phosphorus regeneration from marine sediment overlain by oxygen depleted waters [J]. Geochimica et Cosmochimica Acta, 1994, 58(11)：2571-2575.

[77]许轶群，熊慧欣，赵秀兰．底泥磷的吸附与释放研究进展[J]．重庆环境科学，2003，25(11)：147-149．

[78]罗玉兰．城市内河沉积物营养盐污染特性及释放规律研究[D]．南京：河海大学，2007．

[79]邓志光，吴宗义，蒋卫列．城市初期雨水的处理技术路线初探[J]．中国给水排水，2009，25(10)：11-14．

[80]韩世平，李俊奇．合理利用低势绿地[J]．住宅科技，2006(8)：45-47．

[81]王肖军．初期雨水调蓄池在城市排水系统中的应用[J]．中国给水排水，2012，28(10)：45-47．

[82]黄建秀，李怀正，叶剑锋，等. 调蓄池在排水系统中的研究进展[J]. 环境科学与管理，2010，35(4)：115-118.

[83]李传红，谢贻发，刘正文. 鱼类对浅水湖泊生态系统及其富营养化的影响[J]. 安徽农业科学，2007，36 (9)：3679-3681.